無線従事者養成課程用
標　準　教　科　書

第一級陸上特殊無線技士
第二級陸上特殊無線技士
国内電信級陸上特殊無線技士

法　　　　規

一般財団法人

情報通信振興会

はじめに

本書は、電波法第41条第２項第２号の規定に基づく無線従事者規則第21条第１項第10号の規定により告示された無線従事者養成課程用の標準教科書です。

1　本書は、第一級陸上特殊無線技士、第二級陸上特殊無線技士及び国内電信級陸上特殊無線技士用「法規」の教科書であって、総務省が定める無線従事者養成課程の実施要領に基づく授業科目、授業内容及び授業の程度により編集したものです。（平成５年郵政省告示第553号、最終改正令和５年３月22日）

2　本書には、巻末に資料として、用語の定義、無線従事者免許申請書や無線局免許状等の様式その他本文を補完する事項を収録し、履修上の理解を深める一助としてあります。

凡　例

〔1〕この教科書の中では、電波関係法令の名称を次のように略記してあります。

電　波　法……………………………………………………（法）
電波法施行令…………………………………………………（施行令）
電波法関係手数料令…………………………………………（手数料令）
電波法施行規則………………………………………………（施行）
無線局免許手続規則…………………………………………（免許）
無線設備規則…………………………………………………（設備）
無線局運用規則………………………………………………（運用）
無線従事者規則………………………………………………（従事者）
無線機器型式検定規則………………………………………（型検）
特定無線設備の技術基準適合証明等に関する規則………（証明）
登録検査等事業者等規則……………………………………（登録検査）
測定器等の較正に関する規則………………………………（較正）

〔2〕 特殊無線技士の各資格の養成課程に必要な項目は、この教科書の各項の末尾に次のとおり略して表示しました。ただし、３資格に共通の項目は、無表示です。

第一級陸上特殊無線技士……………………………………（１陸）
第二級陸上特殊無線技士……………………………………（２陸）
国内電信級陸上特殊無線技士………………………………（国内）

目　次

第１章　電波法の目的

第２章　無線局の免許

第5章　運　　用

第6章 業務書類

第7章 監 督

第8章　罰則等

資料編

第１章
電波法の目的

１－１　電波法の目的

電波法は、第１条に「この法律は、電波の公平かつ能率的な利用を確保することによって、公共の福祉を増進する。」と規定しており、この法律の目的を明らかにしている。

今日、電波は、産業、経済、交通、文化、教育、医療、一般家庭の日常生活等の社会のあらゆる分野において、通信、放送、測位、制御等に幅広く利用されている。しかし、使用できる電波には限りがあり、また、電波は空間を共通の伝搬路としているので、無秩序に使用すれば相互に混信するおそれがある。

したがって、電波法は、無線局の開設に免許制度を採用するとともに、無線設備の技術基準やこれを操作する者（無線従事者）の知識、技能について基準を定め、また、無線局を運用する場合の原則や通信方法を定めることにより、混信等を防止して、電波の公平かつ能率的な利用を確保し公共の福祉を増進することを目的としているものである。

電波の公平な利用とは、利用する者の社会的な地位、法人や団体の性格、規模等を問わず、すべて平等の立場で電波を利用するという趣旨であり、必ずしも早い者勝ちを意味するものではなく、社会全体の利益や利便に適合することが前提となる。また、電波の能率的な利用とは、電波を最も効果的に利用することを意味しており、これも社会全体の必要性からみて効果的であるということが前提となるものである。

メ　モ

1－2　電波法令の概要

電波法令は、電波を利用する社会において、秩序を維持するための規範であって、上記のように電波利用の基本ルールを定めているのが電波法である。電波の利用方法には様々な形態があり、その規律すべき事項が技術的事項を含め細部にわたることが多いので、電波法においては基本的事項が規定され、細目的事項は政令（内閣が制定する命令）や総務省令（総務大臣が制定する命令）で定められている。これらの法律、政令及び省令を合わせて電波法令と呼んでいる。

なお、法律、政令及び省令は、実務的、細目的な事項を更に「告示」に委ねている。

陸上特殊無線技士の資格に関係のある電波法令の名称と主な規定事項の概要は、次のとおりである。（　）内は本書における略称である。

1　電波法（法）

電波の利用に関する基本法であり、無線局の免許制度、無線設備の技術基準、無線従事者制度、無線局の運用、業務書類、監督、罰則等について基本的事項を規定している。

2　政　令

(1)　電波法施行令（施行令）

無線従事者が操作を行うことができる無線設備の範囲（主任無線従事者が行うことができる無線設備の操作の監督の範囲を含む。）等を規定している。

(2)　電波法関係手数料令（手数料令）

無線局の免許申請及び検査並びに無線従事者の国家試験申請及び免許申請の手数料等の額及び納付方法を規定している。

3　省　令

(1)　電波法施行規則（施行）

電波法を施行するために必要な事項及び電波法がその規定を省令に委任した事項のうち、他の省令に入らない事項、２以上の省令に共通して適用される事項等を規定している。

(2)　無線局免許手続規則（免許）

無線局の免許、再免許、変更、廃止等の手続等を規定している。

(3)　無線局（基幹放送局を除く。）の開設の根本的基準（無線局根本基準）

無線局（基幹放送局を除く。）の開設の根本的基準を規定している。

(4)　特定無線局の開設の根本的基準（特定無線局根本基準）

包括免許に係る特定無線局の開設の根本的基準を規定している。

(5)　無線設備規則（設備）

電波の質等及び無線設備の技術的条件を規定している。

(6)　無線局運用規則（運用）

無線局を運用する場合の原則、通信方法等を規定している。

(7)　無線従事者規則（従事者）

無線従事者国家試験、養成課程、無線従事者の免許、主任無線従事者講習、指定講習機関、指定試験機関等に関する事項を規定している。

(8)　無線機器型式検定規則（型検）

型式検定に合格することを要する無線設備の機器の型式検定の合格の条件、申請手続等を規定している。

(9)　特定無線設備の技術基準適合証明等に関する規則（証明）

技術基準適合証明の対象となる特定無線設備の種別、適合証明及び工事設計の認証に関する審査のための技術条件、登録証明機関、承認証明機関等に関する事項を規定している。

（注）特定無線設備：小規模な無線局に使用するための無線設備であって、本規則で規定するもの。

(10)　登録検査等事業者等規則（登録検査）

登録検査等事業者及び登録外国点検事業者の登録手続並びに登録

に係る無線設備等の検査及び点検の実施方法等を規定している。

⑾ 測定器等の較正に関する規則（較正）

無線設備の点検に用いる測定器等の較正に関する手続や指定較正機関の指定手続等を規定している。

1－3 用語の定義

電波法令の解釈を明確にするために、電波法では、基本的用語について、次のとおり定義している（法２条）。

① 「電波」とは、300万メガヘルツ以下の周波数の電磁波をいう。

② 「無線電信」とは、電波を利用して、符号を送り、又は受けるための通信設備をいう。

③ 「無線電話」とは、電波を利用して、音声その他の音響を送り、又は受けるための通信設備をいう。

④ 「無線設備」とは、無線電信、無線電話その他電波を送り、又は受けるための電気的設備をいう。

⑤ 「無線局」とは、無線設備及び無線設備の操作を行う者の総体をいう。ただし、受信のみを目的とするものを含まない。

⑥ 「無線従事者」とは、無線設備の操作又はその監督を行う者であって、総務大臣の免許を受けたものをいう。

①から⑥までのほか、電波法の条文においても、その条文中の用語について定義している。また、関係政省令においても、その政省令において使用する用語について定義している。

陸上特殊無線技士の資格に関係するものは、資料１のとおりである。

１－４　総務大臣の権限の委任

１　電波法に規定する総務大臣の権限は、総務省令で定めるところにより、その一部が総合通信局長（沖縄総合通信事務所長を含む。以下同じ。）に委任されている（法104条の３、施行51条の15）。

例えば、次の権限は、所轄総合通信局長（注）に委任されている。

(1)　固定局、陸上局（海岸局、航空局、基地局等）、移動局（船舶局、航空機局、陸上移動局等）等に免許を与え、免許内容の変更等を許可すること。

(2)　無線局の定期検査及び臨時検査を実施すること。

(3)　無線従事者のうち特殊無線技士（９資格）並びに第三級及び第四級アマチュア無線技士の免許を与えること。

２　電波法令の規定により総務大臣に提出する書類は、所轄総合通信局長を経由して総務大臣に提出するものとし、電波法令の規定により総合通信局長に提出する書類は、所轄総合通信局長に提出するものとされている（施行52条）。

（注）所轄総合通信局長とは、申請者の住所、無線設備の設置場所、無線局の常置場所、送信所の所在地等の場所を管轄する総合通信局長である（資料２参照）。

第2章
無線局の免許

無線局を自由に開設することは許されていない。すなわち、有限で希少な電波の使用を各人の自由に任せると、電波の利用社会に混乱が生じ、電波の公平かつ能率的な利用は確保できない。このため、電波法は、まず無線局の開設について規律している。この原則となるものは、無線局を開設しようとする者は、総務大臣の免許を受けなければならない（法4条）こと、また免許を受けた後においてもその免許内容のうち重要な事項を変更しようとするときは、あらかじめ総務大臣の許可を受けなければならない（法17条）こと等である。

無線局の免許に関する規定は、直接的には免許人を拘束するものであるが、無線従事者は、電波利用の重要部門に携わって無線局を適切に管理し運用する使命を有するとともに、免許人に代わって必要な免許手続等を行う場合が多いので、これらの規定をよく理解しておくことが必要である。

2－1　無線局の開設

無線局を開設するためには、このあと述べるように種々の手続が必要である。この手続及び事務処理の流れをわかりやすくするため図示すると、次ページの流れ図のようになる。

メモ

☆無線局の免許申請から運用開始まで☆

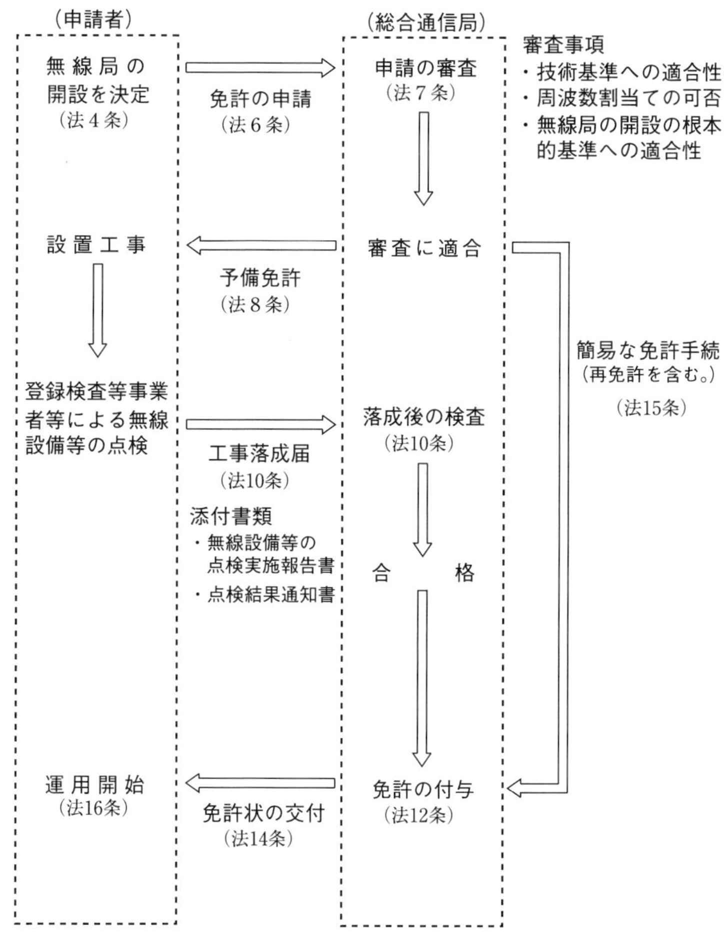

2－1－1　免許制度

無線局を開設しようとする者は、総務大臣の免許を受けなければならない。ただし、発射する電波が著しく微弱な無線局又は一定の条件に適合した無線設備を使用するもので、目的、利用等が特定された小電力の無線局及び登録局については、免許を要しない（法4条）。

参考1　免許を要しない無線局

1　電波法第4条ただし書によるもの

(1)　発射する電波が著しく微弱な無線局で総務省令（施行6条1項）で定める次のもの

ア　当該無線局の無線設備から3メートルの距離において、その電界強度が、周波数帯の区分ごとに規定する値以下であるもの

イ　当該無線局の無線設備から500メートルの距離において、その電界強度が毎メートル200マイクロボルト以下のものであって、総務大臣が用途並びに電波の型式及び周波数を定めて告示するもの

ウ　標準電界発生器、ヘテロダイン周波数計その他の測定用小型発振器

(2)　26.9メガヘルツから27.2メガヘルツまでの周波数の電波を使用し、かつ、空中線電力が0.5ワット以下である無線局のうち総務省令（施行6条3項）で定めるものであって、電波法の規定により表示が付されている無線設備（「適合表示無線設備」という。）のみを使用するもの（市民ラジオの無線局）

(3)　空中線電力が1ワット以下である無線局のうち総務省令（施行6条4項）で定めるものであって、電波法第4条の3の規定により指定された呼出符号又は呼出名称を自動的に送信し、又は受信する機能その他総務省令で定める機能を有することにより他の無線局にその運用を阻害するような混信その他の妨害を与えないように運用することができるもので、かつ、適合表示無線設備のみを使用するもの

具体例を挙げれば、コードレス電話の無線局、特定小電力無線局、小電力セキュリティシステムの無線局、小電力データ通信システムの無線局、デジタルコードレス電話の無線局、PHSの陸上移動局、狭域通信シ

ステムの陸上移動局、５GHz帯無線アクセスシステムの陸上移動局又は携帯局、超広帯域無線システムの無線局、700MHz帯高度道路交通システムの陸上移動局及び5.2GHz帯高出力データ通信システムの陸上移動局がある。

なお、特定小電力無線局（テレメーター、テレコントロール、データ伝送、医療用テレメーター、無線呼出し、ラジオマイク、移動体識別、ミリ波レーダー等）については、告示により、用途、電波の型式及び周波数並びに空中線電力が定められている。

(4)　総務大臣の登録を受けて開設する無線局（登録局）

2　電波法第４条の２によるもの

(1)　本邦に入国する者が持ち込む無線設備（例：Wi-Fi端末等）が電波法第３章に定める技術基準に相当する技術基準として総務大臣が告示で指定する技術基準に適合する等の条件を満たす場合は、当該無線設備を適合表示無線設備とみなし、入国の日から90日以内は無線局の免許を要しない（要旨）。

(2)　電波法第３章に定める技術基準に相当する技術基準として総務大臣が指定する技術基準に適合している無線設備を使用して実験等無線局（科学又は技術の発達のための実験、電波の利用の効率性に関する試験又は電波の利用の需要に関する調査に専用する無線局をいう。）（１の(3)の総務省令で定める無線局のうち、用途、周波数その他の条件を勘案して総務省令で定めるものに限る。）を開設しようとする者は、所定の事項を総務大臣に届け出ることができる。

この届出があったときは、当該実験等無線局に使用される無線設備は、適合表示無線設備でない場合であっても、当該届出の日から180日を超えない日又は当該実験等無線局を廃止した日のいずれか早い日までの間に限り、適合表示無線設備とみなし、無線局の免許を要しない（要旨）。

（注）　(2)の制度は、令和元年の電波法改正により導入されたものである。

参考2

適合表示無線設備に付されているマークは、次のとおりである（証明様式7号、14号）。

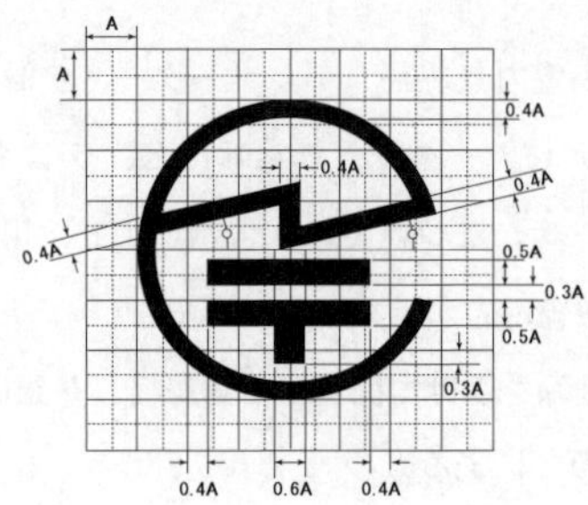

（注） マークの大きさは、表示を容易に識別することができるものであることと規定されている。

2－1－2 欠格事由

1 無線局の免許が与えられない者

次のいずれかに該当する者には、無線局の免許を与えない（法５条１項）。

⑴ 日本の国籍を有しない人

⑵ 外国政府又はその代表者

⑶ 外国の法人又は団体

⑷ 法人又は団体であって、⑴から⑶までに掲げる者がその代表者であるもの又はこれらの者がその役員の３分の１以上若しくは議決権の３分の１以上を占めるもの

2 欠格事由の例外

外国性排除のための欠格事由の例外として、次に掲げる無線局については、１の⑴から⑷までに掲げる者に対しても無線局の免許が与えられる（法５条２項抜粋）。

⑴ 実験等無線局

⑵　アマチュア無線局（個人的な興味によって無線通信を行うために開設する無線局をいう。）

⑶　特定の固定地点間の無線通信を行う無線局（実験等無線局、アマチュア無線局、大使館、公使館又は領事館の公用に供するもの及び電気通信業務を行うことを目的とするものを除く。）

⑷　大使館、公使館又は領事館の公用に供する無線局（特定の固定地点間の無線通信を行うものに限る。）であって、その国内において日本国政府又はその代表者が同種の無線局を開設することを認める国の政府又はその代表者の開設するもの

⑸　自動車その他の陸上を移動するものに開設し、若しくは携帯して使用するために開設する無線局又はこれらの無線局若しくは携帯して使用するための受信設備と通信を行うために陸上に開設する移動しない無線局（電気通信業務を行うことを目的とするものを除く。）

⑹　電気通信業務を行うことを目的として開設する無線局

⑺　電気通信業務を行うことを目的とする無線局の無線設備を搭載する人工衛星の位置、姿勢等を制御することを目的として陸上に開設する無線局

３　無線局の免許が与えられないことがある者

⑴　次のいずれかに該当する者には、無線局の免許を与えないことができる（法５条３項）。

ア　電波法又は放送法に規定する罪を犯し罰金以上の刑に処せられ、その執行を終わり、又はその執行を受けることがなくなった日から２年を経過しない者

イ　無線局（包括免許の無線局を含む。）の免許の取消しを受け、その取消しの日から２年を経過しない者

ウ　特定基地局の開設計画の認定の取消し（法27条の16・１項、２項）を受け、その取消しの日から２年を経過しない者

エ　無線局の登録の取消しを受け、その取消しの日から２年を経過

しない者

(2) 特定基地局の開設計画の認定を受けた者であって、特定基地局の開設指針に定める納付の期限までに、特定基地局開設料を納付していないものには、当該特定基地局開設料が納付されるまでの間、特定基地局の免許を与えないことができる(法5条6項)(2-4-4参照)。

2-1-3 申請及びその審査

1 免許の申請

(1) 無線局の免許を受けようとする者は、無線局免許申請書に、次に掲げる事項を記載した書類(無線局事項書、工事設計書)を添えて、総務大臣に提出しなければならない(法6条1項抜粋)。

ア 目的(2以上の目的を有する無線局であって、その目的に主たるものと従たるものの区別がある場合にあっては、その主従の区別を含む。)

イ 開設を必要とする理由

ウ 通信の相手方及び通信事項

エ 無線設備の設置場所(移動する無線局については移動範囲)

オ 電波の型式並びに希望する周波数の範囲及び空中線電力

カ 希望する運用許容時間(運用することができる時間をいう。)

キ 無線設備の工事設計及び工事落成の予定期日

ク 運用開始の予定期日

なお、免許の申請は、原則として、無線局の種別に従い、送信設備の設置場所(陸上移動局、携帯局等は送信装置)ごとに行う(免許2条)。

(2) 免許申請書の様式は、無線局免許手続規則に規定されている(免許3条2項、別表1号)(資料3参照)。また、免許申請書に添付する無線局事項書及び工事設計書の様式は、無線局免許手続規則に無線局の種別ごとに規定されており、申請にはその無線局の種別に該当するものを使用する（免許４条、別表２号第１から別表２号の３第３）（資料４及び資料５参照）。

2　申請の審査

総務大臣は、免許の申請書を受理したときは、遅滞なくその申請が次の各号のいずれにも適合しているかどうかを審査しなければならない（法７条１項）。

⑴　工事設計が電波法第３章に定める技術基準に適合すること。

⑵　周波数の割当てが可能であること。

⑶　主たる目的及び従たる目的を有する無線局にあっては、その従たる目的の遂行がその主たる目的の遂行に支障を及ぼすおそれがないこと。

⑷　⑴から⑶までのほか、総務省令で定める無線局（基幹放送局を除く。）の開設の根本的基準に合致すること。

この場合、総務大臣は、申請の審査に際し、必要があると認めるときは、申請者に出頭又は資料の提出を求めることができる（法７条６項）。

2－1－4　予備免許

1　予備免許の付与

総務大臣は、2－1－3の2により審査した結果、その申請が各審査事項に適合していると認めるときは、申請者に対し、次に掲げる事項（これらの事項を「指定事項」という。）を指定して、無線局の予備免許を与える（法８条１項）。

⑴　工事落成の期限

⑵　電波の型式及び周波数

⑶　呼出符号（標識符号を含む。）、呼出名称その他の総務省令で定める識別信号（「識別信号」という。）

⑷　空中線電力

⑸　運用許容時間

2　予備免許中の変更

予備免許を受けた者が、予備免許に係る事項を変更しようとする場合の手続は、次のように規定されている。

⑴　工事落成期限の延長

総務大臣は、予備免許を受けた者から申請があった場合において、相当と認めるときは、工事落成の期限を延長することができる（法8条2項）。

⑵　工事設計の変更

予備免許を受けた者は、工事設計を変更しようとするときは、あらかじめ総務大臣の許可を受けなければならない。ただし、総務省令で定める工事設計の軽微な事項（施行10条1項、別表1号の3）については、この限りでない（法9条1項）。

ただし書の工事設計の軽微な事項について変更したときは、遅滞なくその旨を総務大臣に届け出なければならない（法9条2項）。

なお、この工事設計の変更は、周波数、電波の型式又は空中線電力に変更を来すものであってはならず、かつ、電波法に定める技術基準に合致するものでなければならない（法9条3項）。

（注）周波数、電波の型式又は空中線電力に変更を来す場合は、⑷の指定事項の変更の手続が必要である。

⑶　通信の相手方等の変更

ア　予備免許を受けた者は、無線局の目的、通信の相手方、通信事項、放送事項、放送区域、無線設備の設置場所又は基幹放送の業務に用いられる電気通信設備を変更しようとするときは、あらかじめ総務大臣の許可を受けなければならない。ただし、次に掲げる事項を内容とする無線局の目的の変更は、これを行うことができない（法9条4項）。

㋐　基幹放送局以外の無線局が基幹放送をすることとすること。

(イ)　基幹放送局が基幹放送をしないこととすること。

イ　基幹放送の業務に用いられる電気通信設備の変更が総務省令で定める軽微な事項に該当するときは、その変更をした後遅滞なく、その旨を総務大臣に届け出ることをもって足りる（法９条５項）。

(4)　指定事項の変更

総務大臣は、予備免許を受けた者が識別信号、電波の型式、周波数、空中線電力又は運用許容時間の指定の変更を申請した場合において、混信の除去その他特に必要があると認めるときは、その指定を変更することができる（法19条）。

（注）電波の型式、周波数又は空中線電力の指定の変更を受けた場合には、(2)に示すところに従って、工事設計の変更の手続が必要である。

(5)　予備免許中の変更の申請書及び届出書の様式は、無線局免許手続規則に規定されている（免許12条２項、別表４号）（資料７参照）。また、変更申請書又は変更届出書に添付する無線局事項書及び工事設計書の様式は、無線局免許手続規則に無線局の種別ごとに規定されており、申請又は届出にはその無線局の種別に該当するものを使用する（免許４条、12条、別表２号第１から別表２号の３第３）（資料４及び資料５参照）。

２－１－５　落成後の検査

１　予備免許を受けた者は、工事が落成したときは、その旨を総務大臣に届け出て（工事落成の届出書の提出）、その無線設備、無線従事者の資格（主任無線従事者の要件を含む。）及び員数並びに時計及び書類（これらを総称して「無線設備等」という。）について検査を受けなければならない（法10条１項）。この検査を「落成後の検査」という。

２　落成後の検査を受けようとする者が、当該検査を受けようとする無線設備等について総務大臣の登録を受けた者（登録検査等事業者又は登録外国点検事業者）が総務省令で定めるところにより行った点検の結果を記載した書類（無線設備等の点検実施報告書（資料23参照）に点検結果通知書が添付されたもの（注））を添えて工事落成の届出書を提出した場合は、検査の一部が省略される（法10条２項、施行41条の６、免許13条）。

（注）検査の一部が省略されるためには、適正なものであって、かつ、点検を実施した日から起算して３箇月以内に提出されたものでなければならない（施行41条の６）。

3　工事落成の届出書の様式は、無線局免許手続規則に規定されている（免許13条２項、別表３号の２）（資料６参照）。

4　検査の結果は、無線局検査結果通知書（資料20参照）により通知される（施行39条１項）。

参考　登録検査等事業者制度

登録検査等事業者制度は、無線局の検査に民間能力を活用するため、無線局の落成後の検査、変更検査及び定期検査（電波法第73条の検査）において、総務大臣の登録を受けた者（注）が行った無線設備等の検査又は点検の結果を活用することによって、検査の全部又は一部を省略することとする制度である。

（注）総務大臣の登録を受けた者は、次の(1)又は(2)に掲げるものである。

(1)　電波法第24条の２第１項の登録を受けた者（「登録検査等事業者」という。）（法24条の３）

(2)　電波法24条の13第１項の登録を受けた者（「登録外国点検事業者」という。）（法24条の13・２項）

なお、登録検査等事業者及び登録外国点検事業者を「登録検査等事業者等」という（登録検査１条）。

1　検査の一部省略に係るもの

登録検査等事業者又は登録外国点検事業者が行った無線局（人の生命又は身体の安全の確保のためその適正な運用の確保が必要な無線局として総務省令で定めるもの（資料25参照）のうち、国が開設するものを除く。）の無線設備等の点検の結果を活用することによって、落成後の検査、変更検査又は定期検査の一部を省略することとする制度である（法10条２項、18条２項、73条４項、施行41条の６、登録検査19条）。

２　検査の省略に係るもの

登録検査等事業者が無線局（人の生命又は身体の安全のためその適正な運用の確保が必要な無線局として総務省令で定めるもの（資料25参照）を除く。）の無線設備等の検査を行い、免許人から当該無線局の検査結果が電波法令の規定に違反していない旨を記載した書類の提出があったときは、定期検査を省略することとする制度である（法73条３項、施行41条の５、登録検査15条）。

なお、登録検査等事業者等が検査又は点検を行う無線設備等に係る無線局の種別等については、当該登録検査等事業者等の業務実施方法書に記載するとともに、当該実施方法書に従って適切に検査又は点検を行うこととされている（登録検査２条、16条、19条）。

また、登録検査等事業者等は、総務大臣が備える登録検査等事業者登録簿又は登録外国点検事業者登録簿に登録され、登録証を有している（法24条の３、24条の４、24条の13・２項）。

【補足】

１　登録検査等事業者制度において、第一級陸上特殊無線技士の資格を有する者は、電波法に定める他のいくつかの資格の無線従事者等とともに、次のとおり点検員又は判定員となることができる（法24条の２、別表１、別表４、登録検査２条）。

○点検員（無線設備等の点検を行う者をいう。）

陸上特殊無線技士（第一級陸上特殊無線技士に限る。）の資格を有すること。

○判定員（無線設備等の検査（点検である部分を除く。「判定」という。）を行う者をいう。）

第一級陸上特殊無線技士の資格を有する者であって、無線設備の機器の試験、調整又は保守の業務に７年以上従事した経験又は第一級陸上特殊無線技士の資格を有する者として無線設備等の点検の業務に３年以上従事した経験を有すること。

２　第一級陸上特殊無線技士の資格を有する者が点検又は検査を行うことができる無線設備等は、海岸局、航空局、船舶局及び航空機局以外の無線局のものとする（登録検査２条）。

2－1－6　免許の付与又は拒否

1　免許の付与

(1)　総務大臣は、落成後の検査を行った結果、その無線設備が工事設計（変更があったときは、変更後のもの）に合致し、無線従事者の資格及び員数並びに時計及び書類がそれぞれ電波法令の規定に違反しないと認めるときは、遅滞なく申請者に対し免許を与えなければならない（法12条）。

(2)　適合表示無線設備のみを使用する無線局その他総務省令で定める無線局の免許については、総務省令で定める簡易な手続によることができることとされている（法15条）。次に掲げる無線局については、免許の申請を審査した結果、審査事項に適合しているときは、免許手続の簡略（予備免許から落成後の検査までの手続が省略される。これを「簡易な免許手続」という。）が適用されて免許が与えられる（免許15条の4、15条の5、15条の6）。

ア　適合表示無線設備のみを使用する無線局（宇宙無線通信を行う実験試験局を除く。）

イ　無線機器型式検定規則による型式検定に合格した無線設備の機器を使用する遭難自動通報局その他総務大臣が告示する無線局

ウ　特定実験試験局（総務大臣が公示（告示により公示される。）する周波数、当該周波数の使用が可能な地域及び期間並びに空中線電力の範囲内で開設する実験試験局をいう（免許2条1項）。）

参考

無線局の免許の申請から免許の付与までの一般的な手続、順序の概略は、次のとおりである。

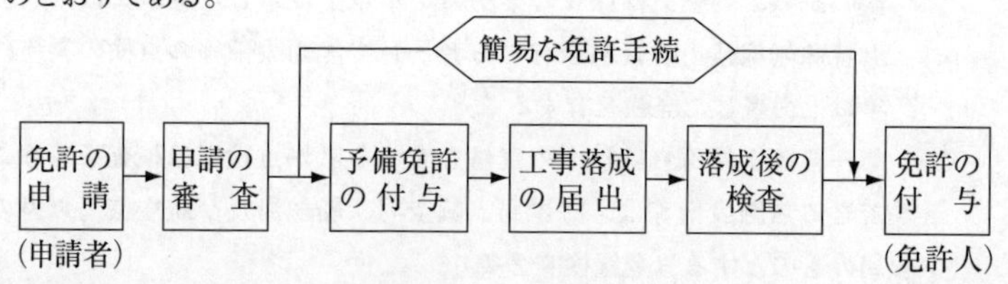

２　免許の拒否

指定された工事落成の期限（工事落成の期限の延長が認められたときは、その期限）経過後２週間以内に工事落成の届出がないときは、総務大臣は、その無線局の免許を拒否しなければならない（法11条）。

２－２　免許の有効期間

２－２－１　免許の有効期間

免許の有効期間は、電波が有限な資源であり、電波の利用に関する国際条約の改正や無線技術の進展、電波利用の増大等に対応して、電波の公平かつ能率的な利用を確保するため、一定期間ごとに周波数割当の見直しを行うため設けられたものである。

１　免許の有効期間は、免許の日から起算して５年を超えない範囲内において総務省令で定める。ただし、再免許を妨げない（法13条１項）。

２　陸上特殊無線技士の資格の無線従事者が主として選任される無線局の免許の有効期間は、次のとおりである（施行７条）。

⑴　固定局　５年
⑵　基地局　５年
⑶　陸上移動局　５年
⑷　携帯基地局　５年
⑸　携帯局　５年
⑹　地球局　５年
⑺　人工衛星局　５年
⑻　実験試験局　５年
⑼　特定実験試験局　当該周波数の使用が可能な期間
⑽　実用化試験局　２年

（注）特定無線局（包括免許のもの）は５年（施行７条の２）、登録局の登録の有効期間は５年（施行７条の３）となっている。

2－2－2　再免許

無線局の免許には、義務船舶局及び義務航空機局（これらの無線局の免許の有効期間は、無期限である。）を除いて免許の有効期間が定められており、その免許の効力は、有効期間が満了すると同時に失効することになる。このため、免許の有効期間満了後も継続して無線局を開設するためには、再免許の手続きを行い新たな免許を受ける必要がある。

再免許とは、無線局の免許の有効期間の満了と同時に、旧免許内容を存続し、そのまま新免許に移しかえるという新たに形成する処分（免許）である。

1　再免許の申請

(1)　再免許を申請しようとするときは、所定の事項を記載した申請書を総務大臣又は総合通信局長に提出して行わなければならない（免許16条１項）。

(2)　再免許申請書の様式は、無線局免許手続規則に規定されている（免許16条２項、別表１号）（資料３参照）。また、再免許申請書に添付する無線局事項書及び工事設計書の様式は、無線局免許手続規則に無線局の種別ごとに規定されており、申請にはその無線局の種別に該当するものを使用する（免許４条、16条の２、別表２号第１から別表２号の３第３）（資料４及び資料５参照）。

2　申請の期間

(1)　再免許の申請は、アマチュア局及び特定実験試験局である場合を除き、免許の有効期間満了前３箇月以上６箇月を超えない期間において行わなければならない。ただし、免許の有効期間が１年以内である無線局については、その有効期間満了前１箇月までに行うことができる（免許18条１項）。

(2)　(1)の規定にかかわらず、再免許の申請が総務大臣が別に告示する無線局（構内無線局、包括免許に係る特定無線局であって、電気通信業務を行うことを目的として開設するもの（携帯無線通信を行う無線局等を除く。）等）に関するものであって、その申請を電子申請等により行う場合にあっては、免許の有効期間満了前１箇月以上６箇月を超えない期間に行うことができる（免許18条２項）。

(3)　(1)及び(2)の規定にかかわらず、免許の有効期間満了前1箇月以内に免許を与えられた無線局については、免許を受けた後直ちに再免許の申請を行わなければならない（免許18条３項）。

参考

1　基地局又は陸上移動局で、令和２．６．１から令和３．５.31に免許を受けたものの免許の有効期間及び再免許の関係を例示すると次のようになる。

2　再免許の申請の審査及び免許の付与

総務大臣又は総合通信局長は、電波法第７条の規定により再免許の申請を審査した結果、その申請が審査事項に適合していると認めるときは、簡易な免許手続を適用し、申請者に対し、次に掲げる事項を指定して、無線局の免許を与える（免許19条１項）。

(1)　電波の型式及び周波数

(2)　識別信号

(3)　空中線電力

(4)　運用許容時間

2－3　免許状記載事項及びその変更等

2－3－1　免許状記載事項

1　免許状の交付

総務大臣は、免許を与えたときは、免許状（資料８参照）を交付する（法14条１項）。

2　免許状記載事項

免許状には、次に掲げる事項が記載される（法14条２項）。

⑴　免許の年月日及び免許の番号

⑵　免許人（無線局の免許を受けた者をいう。）の氏名又は名称及び住所

⑶　無線局の種別

⑷　無線局の目的（主たる目的及び従たる目的を有する無線局にあっては、その主従の区別を含む。）

⑸　通信の相手方及び通信事項

⑹　無線設備の設置場所

⑺　免許の有効期間

⑻　識別信号

⑼　電波の型式及び周波数

⑽　空中線電力

⑾　運用許容時間

参考

同一人に属する２以上の陸上移動局、携帯局、携帯移動地球局、VSAT地球局又は実験試験局等については、無線設備の常置場所（VSAT地球局にあっては、VSAT制御地球局（３-４-１参照）の無線設備の設置場所とする。）を同じくする場合及び同一人に属する２以上のPHSの基地局、携帯無線通信を行う基地局若しくは陸上移動中継局又は広帯域移動無線アクセスシステムの基地局若しくは陸上移動中継局については、その無線設備の設置場所がいずれも同一総合通信局の管轄区域内にある場合は、一の免許状を交付することがある（免許21条６項）。

２－３－２　指定事項又は無線設備の設置場所の変更等

１　指定事項の変更

総務大臣は、免許人が次に掲げる事項について、指定の変更を申請した場合において、混信の除去その他特に必要があると認めるときは、その指定を変更することができる（法19条）。

(1)　識別信号（呼出名称等）

(2)　電波の型式

(3)　周波数

(4)　空中線電力

(5)　運用許容時間

なお、例えば無線設備をデジタル方式のものに変更するための電波の型式、周波数又は空中線電力の指定の変更は、電波法第17条の無線設備の変更の工事を伴うので、無線設備の変更の工事の手続が必要である。

２　無線設備の設置場所等の変更

(1)　免許人は、免許状に記載された次の事項を変更し、若しくは基幹放送の業務に用いられる電気通信設備を変更し、又は無線設備の変更の工事をしようとするときは、あらかじめ総務大臣の許可を受けなければならない。ただし、(2)に掲げる事項を内容とする無線局の目的の変更は、これを行うことができない（法17条１項）。

ア　無線局の目的　　イ　通信の相手方　　ウ　通信事項

エ　放送事項　　オ　放送区域　　カ　無線設備の設置場所

(2)　目的の変更を行うことができない事項

ア　基幹放送局以外の無線局が基幹放送を行うこととすること。

イ　基幹放送局が基幹放送をしないこととすること。

(3)　基幹放送の業務に用いられる電気通信設備の変更又は無線設備の変更の工事が総務省令で定める軽微な変更（軽微な事項）に該当するときは、あらかじめ許可を受けなくともよいが、変更又は変更の工事をした後、遅滞なく、その旨を総務大臣に届け出なければならない（法17条２項、３項、９条２項）。

(4) 無線設備の変更の工事は、周波数、電波の型式又は空中線電力に変更を来すものであってはならず、かつ、電波法に定める技術基準に合致するものでなければならない（法17条３項、９条３項）。

なお、無線設備の変更の工事（例えば無線設備のデジタル化）に伴って、電波の型式、周波数又は空中線電力が変わる場合は、指定事項の変更の手続が必要である。

3　変更申請書等の様式

無線局の変更申請書又は変更届出書の様式は、無線局免許手続規則に規定されている（免許12条２項、25条１項、別表４号）（資料７参照）。また、変更申請書又は変更届出書に添付する無線局事項書及び工事設計書の様式は、無線局免許手続規則に無線局の種別ごとに規定されており、申請又は届出にはその無線局の種別に該当するものを使用する（免許４条、12条、25条、別表２号第１から別表２号の３第３）（資料４及び資料５参照）。

参考　周波数等の変更の命令

周波数等の指定の変更又は無線設備の設置場所の変更は、免許人の申請に基づいて行うほか、総務大臣は、電波の規整その他公益上必要があるときは、その無線局の目的の遂行に支障を及ぼさない範囲内に限り、当該無線局（登録局を除く。）の周波数若しくは空中線電力の指定を変更し、又は登録局の周波数若しくは空中線電力若しくは人工衛星局の無線設備の設置場所の変更を命ずることができるとされている（法71条１項）。

2－3－3　変更検査（１陸）

1　2-3-2の２により無線設備の設置場所の変更又は無線設備の変更の工事の許可を受けた免許人は、総務大臣の検査（「変更検査」という。）を受け、その変更又は工事の結果が許可の内容に適合していると認められた後でなければ、許可に係る無線設備を運用してはならない。ただし、総務省令（施行10条の４、別表２号）で定める場合は、変更検査を受けることを要しない（法18条１項）。

2　変更検査を受けようとする者が、当該検査を受けようとする無線設備について総務大臣の登録を受けた者（登録検査等事業者又は登録外国点検事業者）が、総務省令で定めるところにより行った点検の結果を記載した書類（無線設備等の点検実施報告書（資料23参照）に点検結果通知書が添付されたもの（注））を無線設備の設置場所変更又は変更工事完了の届出書に添えて提出した場合は、検査の一部が省略される（法18条２項、施行41条の６、免許25条）。

（注）検査の一部が省略されるためには、適正なものであって、かつ、点検を実施した日から起算して３箇月以内に提出されたものでなければならない（施行41条の６）。

3　無線設備の設置場所変更又は変更工事の完了の届出書の様式は、無線局免許手続規則に規定されている（免許25条５項、別表３号の２）（資料６参照）。

4　検査の結果は、無線局検査結果通知書（資料20参照）により通知される（施行39条１項）。

2－4　免許の特例等（1陸・2陸）

2－4－1　特定無線局

特定無線局とは、次の１又は２のいずれかに該当する無線局であって、適合表示無線設備（小規模な無線局に使用される総務省令で定める無線設備であって、技術基準に適合しているものであることの表示が付されたもの）のみを使用するものをいう（法27条の２）。

1　移動する無線局であって、通信の相手方である無線局の電波を受けることによって自動的に選択される周波数の電波のみを発射するもののうち、総務省令で定める無線局（法27条の２・１号）

この総務省令で定める無線局は、次のとおりである（施行15条の２・１項）。

⑴ 電気通信業務を行うことを目的とする陸上移動局（いわゆる携帯電話）
⑵ 電気通信業務を行うことを目的とするVSAT地球局
⑶ 電気通信業務を行うことを目的とする航空機地球局
⑷ 電気通信業務を行うことを目的とする携帯移動地球局
⑸ デジタルMCA陸上移動通信を行う陸上移動局
⑹ 高度MCA陸上移動通信を行う陸上移動局
⑺ 防災対策携帯移動衛星通信を行う携帯移動地球局
⑻ 広帯域移動無線アクセスシステムの無線局のうち陸上移動局（電気通信業務を行うものを除く。）
⑼ ローカル5Gの無線局のうち陸上移動局（電気通信業務を行うことを目的とするものを除く。）
⑽ 実数零点単側波帯変調方式及び狭帯域デジタル通信方式の無線局のうち陸上移動局
⑾ 実数零点単側波帯変調方式及び狭帯域デジタル通信方式の無線局のうち携帯局

2 電気通信業務を行うことを目的として陸上に開設する移動しない無線局であって、移動する無線局を通信の相手方とするもののうち、無線設備の設置場所、空中線電力等を勘案して総務省令で定める無線局（法27条の２・２号）

この総務省令で定める無線局は、次のとおりである（施行15条の２・２項）。

⑴ 広範囲の地域において同一の者により開設される無線局に専ら使用させることを目的として総務大臣が別に告示する周波数の電波のみを使用する基地局（⑵に掲げるものを除く。）

具体的な例としては、電気通信業務用の基地局（携帯電話用の基地局）がある。

⑵ 屋内その他他の無線局の運用を阻害するような混信その他の妨害

を与えるおそれがない場所に設置する基地局

具体的な例としては、電気通信業務用の基地局のうち、屋内に設置される小規模なもの（フェムトセル基地局）がある。

⑶　広範囲の地域において同一の者により開設される無線局に専ら使用させることを目的として総務大臣が別に告示する周波数の電波のみを使用する陸上移動中継局

具体的な例としては、携帯電話等の不感地帯対策用の陸上移動中継局がある。

２－４－２　特定無線局の免許の特例

無線局を開設しようとする場合は、原則として、無線局ごとに免許の申請を行うこととされているが、特例として、特定無線局を２以上開設しようとする者は、その特定無線局が目的、通信の相手方、電波の型式及び周波数並びに無線設備の規格を同じくするものである限りにおいて、個々の無線局ごとに免許を申請することなく、複数の特定無線局を包括して対象とする免許を申請することができる（法27条の２）。

２－４－３　特定無線局の免許の申請及び免許の付与

１　特定無線局の免許を受けようとする者は、一般の無線局の免許の申請の場合と同様に、総務大臣に対し免許の申請書を提出しなければならない（法27条の３）。

２　総務大臣は、１の申請書を受理して審査した結果、審査事項に適合していると認めるときは、申請者に対して次に掲げる事項（２－４－１の１の無線局を包括して対象とする免許にあっては、次に掲げる事項（⑶に掲げる事項を除く。）及び無線設備の設置場所とすることができる区域）を指定して免許を与えなければならない（法27条の５・１項）。

⑴　電波の型式及び周波数

⑵　空中線電力

⑶　指定無線局数（同時に開設されている特定無線局の数の上限をいう。）

⑷　運用開始の期限（１以上の特定無線局の運用を最初に開始する期限をいう。）

（注）予備免許及び落成後の検査はなく、審査後に免許が付与される。

3　総務大臣は、２の免許（「包括免許」という。）を与えたときは、免許状を交付する（法27条の５・２項）。

4　包括免許の有効期間は、包括免許の日から起算して５年を超えない範囲内において総務省令で定めることとされており、電波法施行規則において５年と定められている。また、免許の有効期間満了後引き続いて開設を希望する場合は、再免許を受けることができる（法27条の５・３項、施行７条の２）。

2－4－4　特定基地局の開設指針等

1　特定基地局の開設指針

総務大臣は、陸上に開設する移動しない無線局であって、次のいずれかに掲げる事項を確保するために、同一の者により相当数開設されることが必要であるもののうち、電波の公平かつ能率的な利用を確保するためその円滑な開設を図ることが必要であると認められるもの（「特定基地局」という。）について、特定基地局の開設に関する指針（「開設指針」という。）を定めることができる（法27条の12・1項）。

⑴　電気通信業務を行うことを目的として陸上に開設する移動する無線局（1又は2以上の都道府県の区域の全部を含む区域をその移動範囲とするものに限る。）の移動範囲における当該電気通信業務のための無線通信

⑵　移動受信用地上基幹放送に係る放送対象地域における当該移動受信用地上基幹放送の受信

２　特定基地局の開設指針の制定の申し出

既に開設されている電気通信業務用基地局（「既設電気通信業務用基地局」という。）が現に使用している周波数を使用する電気通信業務用基地局を特定基地局として開設することを希望する者（当該既設電気通信業務用基地局の免許人を除く。）は、総務省令で定めるところにより、当該特定基地局の開設指針について、所定の事項（省略）を記載した書類を添付して、これを制定すべきことを総務大臣に申し出ることができる。ただし、電波法第５条第３項各号のいずれかに該当する者その他総務省令で定める者については、この限りでない（法27条の13・１項）。

３　特定基地局の開設計画の認定

(1)　特定基地局を開設しようとする者は、通信系（通信の相手方を同じくする同一の者によって開設される特定基地局の総体をいう。）又は放送系（放送法第91条第2項第3号に規定する放送系をいう。）ごとに、特定基地局の開設に関する計画（「開設計画」という。）を作成し、これを総務大臣に提出して、その開設計画が適当である旨の認定を受けることができる（法27条の14・１項）。

(2)　総務大臣は、(1)の認定の申請を審査した結果、その申請が審査事項のいずれにも適合していると認めるときは、開設指針に定める評価の基準に従って評価を行うものとする（法27条の14・５項）。

(3)　総務大臣は、(2)の評価に従い、電波の公平かつ能率的な利用を確保する上で最も適切であると認められる申請に係る開設計画について、周波数を指定して、開設計画の認定をするものとする（法27条の14・６項）。

参考　特定無線局に係る包括免許制度

同一タイプの複数の無線局を包括して免許する（「包括免許」という。）ことにより、免許制度の合理化を図ることとされたものである。免許申請手数料も大幅に軽減される。

2－5　無線局の登録制度（1陸・2陸）

無線局を開設しようとする者は、総務大臣の免許を受けなければならないが、総務大臣の登録を受けて開設する無線局（「登録局」という。）は、無線局の免許を要しないとされている（法4条）。

1　登録の対象となる無線局

登録の対象となる無線局は、電波を発射しようとする場合において当該電波と周波数を同じくする電波を受信することにより一定の時間自己の電波を発射しないことを確保する機能を有する無線局その他無線設備の規格（総務省令で定めるものに限る。）を同じくする他の無線局の運用を阻害するような混信その他の妨害を与えないように運用することのできる無線局のうち総務省令で定めるものであって、適合表示無線設備のみを使用するものを総務省令で定める区域内に開設するものとされている（法27条の21・1項）。

具体的な例としては、次のような無線局がある（施行16条抜粋）。

(1)　空中線電力1ワット以下のPHSの基地局及び空中線電力10ミリワット以下のPHSの陸上移動局

(2)　916.7MHz以上920.9MHz以下の周波数の電波を使用する構内無線局及び2.4GHz帯の周波数の電波を使用する構内無線局

(3)　5GHz帯無線アクセスシステムの基地局、陸上移動中継局、陸上移動局、携帯基地局及び携帯局

2　登録の方法等

(1)　無線局の登録を受けようとする者は、次に掲げる事項を記載した申請書等を総務大臣に提出しなければならない（法27条の21・2項）。

ア　氏名又は名称及び住所並びに法人にあっては、その代表者の氏名

イ　開設しようとする無線局の無線設備の規格

ウ　無線設備の設置場所

エ　周波数及び空中線電力

⑵　登録の有効期間は、登録の日から起算して５年を超えない範囲内で総務省令で定めるとされており、電波法施行規則において５年と定められている。また、登録の有効期間満了後引き続いて登録を希望する場合は、再登録を受けることができる（法27条の24、施行７条の３）。

⑶　総務大臣は、登録をしたときは登録状を交付する（法27条の25・１項）。

⑷　登録人は、登録の申請書に記載した事項を変更しようとするときは、変更登録を受けなければならない（法27条の26・１項）、登録状に記載した事項に変更を生じたときは、その登録状を総務大臣に提出し、訂正を受けなければならない（法27条の28）、登録局を廃止したときは、遅滞なく、その旨を総務大臣に届け出なければならない（法27条の29・１項）等、一般の無線局と同様の取扱いが行われる。

参考

登録とは、一定の法律事実又は法律関係を行政庁等に備える特定の帳簿に記載することをいう。すなわち、登録はこれらの事実又は関係の存否を公に表示し、又はこれを証明する公証行為であって、登録の受理又は拒否について行政庁の自由裁量の余地がないようにすることが原則である。しかし、制度上登録に際し、何等かの法律上の効果を附着させるようになると、その実体はむしろ許可に近くなる場合がある(情報通信振興会　電波法要説)。

２－６　無線局の廃止（１陸・２陸）

免許人は、その無線局を廃止するときは、その旨を総務大臣に届け出なければならない（法22条）。

免許人が無線局を廃止したときは、免許は、その効力を失う（法23条）。

２－６－１　廃止届

１　無線局の廃止の届出は、その無線局を廃止する前に、次に掲げる事項を記載した届出書を総務大臣又は総合通信局長に提出して行うものとする（免許24条の３・１項）。

⑴　免許人の氏名又は名称及び住所並びに法人にあっては、その代表者の氏名

⑵　無線局の種別及び局数

⑶　識別信号（包括免許の特定無線局を除く。）

⑷　免許の番号又は包括免許の番号

⑸　廃止する年月日

参考

災害等により運用が困難となった無線局に係る廃止の届出は、当該無線局の廃止後遅滞なく、当該災害により無線局の運用が困難となった日に廃止した旨及びその理由並びに上記⑴から⑸に掲げる事項を記載した届出書を提出して行うことができる。その場合、⑸については、廃止した年月日を記載することとなる。

2　無線局の廃止の届出書の様式は、無線局免許手続規則に規定されている（免許24条の３・２項、別表７号）（資料11参照）。

2－6－2　電波の発射の防止

1　無線局の免許等（注１）がその効力を失ったときは、免許人等（注２）であった者は、遅滞なく空中線の撤去その他の総務省令で定める電波の発射を防止するために必要な措置を講じなければならない（法78条）。

（注１）　免許等とは、無線局の免許又は電波法第27条の21第１項の登録をいう（法25条１項）。

（注２）　免許人等とは、免許人又は登録人をいう（法６条１項）。

2　総務省令で定める電波の発射を防止するために必要な措置は、次の表のとおりである（施行42条の３）。

無　線　設　備	必　要　な　措　置
1　携帯用位置指示無線標識、衛星非常用位置指示無線標識、捜索救助用レーダートランスポンダ、捜索救助用位置指示送信装置、無線設備規則第45条の３の５に規定する無線設備（航海情報記録装置又は簡易型航海情報記録装置を備える衛星位置指示無線標識）、航空機用救命無線機及び航空機用携帯無線機	電池を取り外すこと。
2　固定局、基幹放送局及び地上一般放送局の無線設備	空中線を撤去すること（空中線を撤去することが困難な場合にあっては、送信機、給電線又は電源設備を撤去すること。）。
3　人工衛星局その他の宇宙局（宇宙物体に開設する実験試験局を含む。）の無線設備	当該無線設備に対する遠隔指令の送信ができないよう措置を講じること。
4　特定無線局（電波法第27条の２第１号に掲げる無線局に係るものに限る。）の無線設備	空中線を撤去すること又は当該特定無線局の通信の相手方である無線局の無線設備から当該通信に係る空中線若しくは変調部を撤去すること。
5　電波法第４条の２第２項の届出（注）に係る無線設備 （注）２‐１‐１の参考１の２(2)を参照	無線設備を回収し、かつ、当該無線設備が電波法第４条の規定に違反して開設されることのないよう管理すること。
6　その他の無線設備	空中線を撤去すること。

2－6－3　免許状の返納

免許がその効力を失ったときは、免許人であった者は、１箇月以内（注）にその免許状を返納しなければならない（法24条）。

（注）２－６－1の１の参考における災害等により廃止した無線局に係る免許状は、当該無線局が廃止された日から一月以内に返納されたものとみなす（免許24条の３・３項）。

第3章
無　線　設　備

無線設備とは、「無線電信、無線電話その他電波を送り、又は受けるための電気的設備」をいう（法2条4号）。また、無線設備は、無線設備の操作を行う者とともに、無線局を構成する重要な物的要素である。

無線設備を電波の送信・受信の機能によって分類すれば、次のようになる。

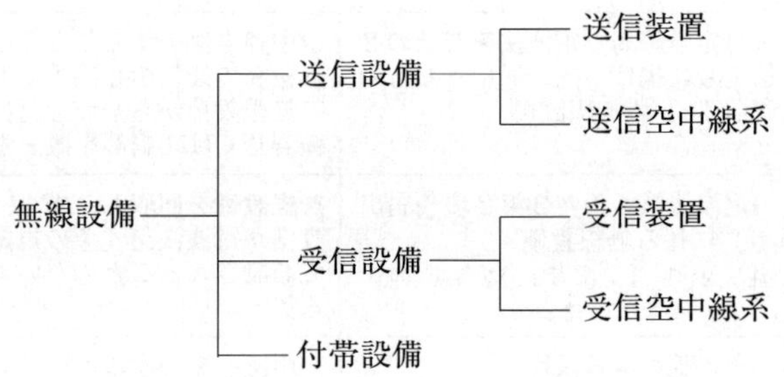

無線設備の良否は、電波の能率的利用に大きな影響を及ぼすものである。このため、電波法令では、無線設備に対して詳細な技術基準を設けている。

無線局の無線設備は、常に技術基準に適合していなければならないので、無線従事者は、無線設備の適切な保守管理を行うことによって、その機能の維持を図ることが必要である。

メ　モ

３－１　電　波　の　質

電波法では、「送信設備に使用する電波の周波数の偏差及び幅、高調波の強度等電波の質は、総務省令（設備５条から７条）で定めるところに適合するものでなければならない。」と規定している（法28条）。

３－１－１　周波数の偏差

無線局に指定された電波の周波数と実際に空中線から発射される電波の周波数は、一致することが望ましいが、常に完全に一致するように保つことは技術的に困難である。

このため、空中線から発射される電波の周波数について一定限度の偏差、すなわち、ある程度までのずれを認め、このずれの範囲内のものであればよいとされている。これが周波数の許容偏差であり、百万分率又はヘルツで表される（施行２条）（資料１参照）。

周波数の許容偏差は、周波数帯及び無線局の種別ごとに規定されている（設備５条、別表１号）（資料12参照）。

３－１－２　周波数の幅

情報を送るための電波は、搬送波の上下の側波帯となって発射されるので、側波帯を含めた全発射の幅が必要であり、この幅を占有周波数帯幅という（施行２条）（資料１参照）。

電波を能率的に使用し、かつ、他の無線通信に混信等の妨害を与えないようにするためには、この周波数帯幅を必要最小限に止めることが望ましい。発射電波に許容される占有周波数帯幅の許容値は、電波の型式、周波数帯、無線局の種別等に応じ無線設備ごとに規定されている（設備６条、別表２号）（資料13参照）。

３－１－３　高調波の強度等

送信機で作られ空中線から発射される電波には、搬送波（無変調）のみの発射又は所要の情報を送るために変調された電波の発射のほかに、不必要な高調波発射、低調波発射、寄生発射等の不要発射が同時に発射される。この不要発射は、他の無線局の電波に混信等の妨害を与えることとなるので、一定のレベル以下に抑えることが必要である。無線設備規則では、周波数帯別に、又は無線局の種別等に応じた無線設備ごとに、帯域外領域におけるスプリアス発射の強度の許容値及びスプリアス領域における不要発射の強度の許容値が規定されている（設備7条、別表3号）（資料14参照）。

3－2　電波の型式の表示等（1陸・2陸）

3－2－1　電波の型式の表示方法

1　電波の型式とは、発射される電波がどのような変調方法で、どのような内容の情報を有しているかなどを記号で表示することであり、次のように分類し、一定の3文字の記号を組み合わせて表記する（施行4条の2）（資料15参照）。

(1)　主搬送波の変調の型式（無変調、振幅変調、角度変調、パルス変調等の別、両側波帯、単側波帯等の別、周波数変調、位相変調等の別等）

(2)　主搬送波を変調する信号の性質（変調信号のないもの、アナログ信号、デジタル信号等の別）

(3)　伝送情報の型式（無情報、電信、ファクシミリ、データ伝送、遠隔測定又は遠隔指令、電話、テレビジョン又はこれらの型式の組合せの別）

2　電波の型式の例を示すと次のとおりである。

(1)　アナログ信号の単一チャネルを使用する電話の電波の型式の例

A3E　振幅変調で両側波帯を使用する電話

J3E　振幅変調で抑圧搬送波の単側波帯を使用する電話

F3E　周波数変調の電話

⑵　デジタル信号の単一チャネルを使用し変調のための副搬送波を使用しないものの電波の型式の例

Ｇ１Ｃ　位相変調をしたファクシミリ

Ｇ１Ｄ　位相変調をしたデータ伝送

Ｇ１Ｅ　位相変調をした電話

⑶　２以上のチャネルを使用するものの電波の型式の例

Ｆ８Ｅ　周波数変調でアナログ信号である２以上のチャネルを使用する電話

Ｇ７Ｗ　位相変調でデジタル信号である２以上のチャネルを使用する電信、ファクシミリ、データ伝送、遠隔測定又は遠隔指令、電話、テレビジョン等の組合せ

⑷　レーダーの電波の型式の例

Ｐ０Ｎ　パルス変調で情報を送るための変調信号のない無情報の伝送

３－２－２　周波数の表示方法

1　電波の周波数は、次のように表示する。ただし、周波数の使用上特に必要がある場合は、この表示方法によらないことができる（施行４条の３・１項）。

3,000 kHz以下のもの　「kHz」(キロヘルツ)

3,000 kHzを超え3,000 MHz以下のもの　「MHz」(メガヘルツ)

3,000 MHzを超え3,000 GHz以下のもの　「GHz」(ギガヘルツ)

2　電波のスペクトルは、その周波数の範囲に応じ、次の表に掲げるように９つの周波数帯に区分されている（施行４条の３・２項）。

周波数帯の周波数の範囲	周波数帯の番号	周波数帯の略称	メートルによる区分	波長(参考)
3 kHzを超え30 kHz以下	4	VLF	ミリアメートル波	10 km以上
30 kHzを超え300 kHz以下	5	LF	キロメートル波	10 km～1 km

300 kHzを超え3,000 kHz以下	6	MF	ヘクトメートル波	1 km～100 m
3 MHzを超え30 MHz以下	7	HF	デカメートル波	100 m～10 m
30 MHzを超え300 MHz以下	8	VHF	メートル波	10 m～1 m
300MHzを超え3,000 MHz以下	9	UHF	デシメートル波	1 m～10 cm
3 GHzを超え30 GHz以下	10	SHF	センチメートル波	10 cm～1 cm
30 GHzを超え300 GHz以下	11	EHF	ミリメートル波	1 cm～1 mm
300 GHzを超え3,000 GHz（又は3 THz）以下	12		デシミリメートル波	1 mm～0.1 mm

（注）THz ＝テラヘルツ

3－2－3　空中線電力の許容偏差

実際に電波を発射する場合の送信設備の空中線電力を無線局に指定されたものと一致するように保つことは困難であるので、ある程度までのずれ（偏差）が認められる。その許容偏差は、総務省令（設備14条）で無線局の送信設備別に上限と下限（パーセント）が規定されている。

例えば、第一級陸上特殊無線技士の資格の操作範囲に属する主な送信設備の空中線電力の許容偏差は、次のとおりである。

①　470MHzを超える周波数の電波を使用する無線局の送信設備

上限　50パーセント

下限　50パーセント

ただし、携帯無線通信（800MHz帯、1.5GHz帯、1.8GHz帯、1.9GHz帯、2.1GHz帯等）、デジタルMCA陸上移動通信、高度MCA陸上移動通信を行う無線局等の送信設備は、他の許容偏差値が適用される。

②　①以外の固定局の送信設備

上限　20パーセント

下限　50パーセント

例えば、①の場合においては、指定された空中線電力が50ワットであれば、上限は75ワットまで、下限は25ワットまでそれぞれ認められる。

３－３　安　全　施　設（１陸）

電波法では、「無線設備には、人体に危害を及ぼし又は物件に損傷を与えることがないように、総務省令（施行21条の３から27条）で定める施設をしなければならない。」と規定している（法30条）。

３－３－１　無線設備の安全性の確保

総務省令では「無線設備は、破損、発火、発煙等により人体に危害を及ぼし、又は物件に損傷を与えることがあってはならない。」と規定している（施行21条の３）。

３－３－２　電波の強度に対する安全施設

１　無線設備には、当該無線設備から発射される電波の強度（電界強度、磁界強度、電力束密度及び磁束密度をいう。）が電波法施行規則別表第２号の３の３に定める値を超える場所（人が通常、集合し、通行し、その他出入りする場所に限る。）に取扱者のほか容易に出入りすることができないように、施設をしなければならない。ただし、次の各号に掲げる無線局の無線設備については、この限りでない（施行21条の４・１項）。

(1)　平均電力が20ミリワット以下の無線局の無線設備

(2)　移動する無線局の無線設備

(3)　地震、台風、洪水、津波、雪害、火災、暴動その他非常の事態が発生し、又は発生するおそれがある場合において、臨時に開設する無線局の無線設備

(4)　(1)から(3)までに掲げるもののほか、この規定を適用することが不合理であるものとして総務大臣が別に告示する無線局の無線設備

電波の強度の値の表（施行21条の４・１項、別表２号の３の３）

第１

周　　波　　数	電界強度の実効値（V／m）	磁界強度の実効値（A／m）	電力束密度の実効値（mW／cm^2）
100kHzを超え3 MHz以下	275	$2.18f^{-1}$	
3 MHzを超え30MHz以下	$824f^{-1}$	$2.18f^{-1}$	
30MHzを超え300MHz以下	27.5	0.0728	0.2
300MHzを超え1.5GHz以下	$1.585f^{1/2}$	$f^{1/2}$／237.8	f／1500
1.5GHzを超え300GHz以下	61.4	0.163	1

注１　fは、MHzを単位とする周波数とする。

２　電界強度、磁界強度及び電力束密度は、それらの６分間における平均値とする。

３　人体が電波に不均一にばく露される場合その他総務大臣がこの表によることが不合理であると認める場合は、総務大臣が別に告示するところによるものとする。

４　同一場所若しくはその周辺の複数の無線局が電波を発射する場合又は一の無線局が複数の電波を発射する場合は、電界強度及び磁界強度については各周波数の表中の値に対する割合の自乗和の値、また電力束密度については各周波数の表中の値に対する割合の和の値がそれぞれ１を超えてはならない。

第２

周　　波　　数	電界強度の実効値（V／m）	磁界強度の実効値（A／m）	磁束密度の実効値（T）
10kHzを超え10MHz以下	83	21	2.7×10^{-5}

注１　電界強度、磁界強度及び磁束密度は、それらの時間平均を行わない瞬時の値とする。

２　人体が電波に不均一にばく露される場合その他総務大臣がこの表によることが不合理であると認める場合は、総務大臣が別に告示するところによるものとする。

３　同一場所若しくはその周辺の複数の無線局が電波を発射する場合又は一の無線局が複数の電波を発射する場合は、電界強度、磁界強度及び磁束密度については表中の値に対する割合の和の値、又は国際規格等で定められる合理的な方法により算出された値がそれぞれ１を超えてはならない。

2　電波の強度の算出方法及び測定方法については、総務大臣が別に告示する（施行21条の４・２項）。

3－3－3　高圧電気に対する安全施設

1　高圧電気（高周波若しくは交流の電圧300ボルト又は直流の電圧750ボルトを超える電気をいう。）を使用する電動発電機、変圧器、ろ波器、整流器その他の機器は、外部より容易に触れることができないように、絶縁しゃへい体又は接地された金属しゃへい体の内に収容しなければならない。ただし、取扱者のほか出入できないように設備した場所に装置する場合は、この限りでない（施行22条）。

2　送信設備の各単位装置相互間をつなぐ電線であって高圧電気を通ずるものは、線溝若しくは丈夫な絶縁体又は接地された金属しゃへい体の内に収容しなければならない。ただし、取扱者のほか出入できないように設備した場所に装置する場合は、この限りでない（施行23条）。

3　送信設備の調整盤又は外箱から露出する電線に高圧電気を通ずる場合においては、その電線が絶縁されているときであっても、電気設備に関する技術基準を定める省令（昭和40年通商産業省令第61号）の規定するところに準じて保護しなければならない（施行24条）。

4　送信設備の空中線、給電線若しくはカウンターポイズであって高圧電気を通ずるものは、その高さが人の歩行その他起居する平面から2.5メートル以上のものでなければならない。ただし、次の各号の場合は、この限りでない（施行25条）。

⑴　2.5メートルに満たない高さの部分が、人体に容易に触れない構造である場合又は人体が容易に触れない位置にある場合

⑵　移動局であって、その移動体の構造上困難であり、かつ、無線従事者以外の者が出入しない場所にある場合

3－3－4　空中線等の保安施設

無線設備の空中線系には避雷器又は接地装置を、また、カウンターポイズには接地装置をそれぞれ設けなければならない。ただし、26.175MHzを超える周波数を使用する無線局の無線設備及び陸上移動局又は携帯局の無線設備の空中線については、この限りでない（施行26条）。

3－4　衛星通信設備

3－4－1　小型地球局の無線設備（1陸・2陸）

1　小規模地球局（小型地球局）の概要

(1)　小規模地球局の代表的なものがVSAT（注）地球局である。

VSAT地球局は、電気通信業務を行うことを目的とする地球局（無線設備規則第54条の3において無線設備の条件が定められている地球局）と定義されている（施行15条の2）。

(2)　VSATシステムは、直径5～10m程度の比較的大きなアンテナを使用してシステム内の回線制御や監視機能を有するVSAT制御地球局（親局）、直径2m以下の小型のアンテナを使用して各地に配置したVSAT地球局（子局）及び中継を行う人工衛星局（JCSAT、SUPERBIRD等）等でネットワークを構成する。

(3)　VSAT地球局は、電気通信業務用の無線局として電気通信事業者が開設し、国や地方公共団体の防災行政無線、警察、消防、鉄道、電力、企業等の通信回線、報道機関の情報伝送用等として、音声、データ、画像等の伝送に幅広く利用されている。

(4)　電波法令上、VSAT制御地球局及びVSAT地球局は、移動する無線局であって停止中にのみ運用するものとして扱われる（設備54条の3）。

(5)　VSAT地球局の無線設備の外部の転換装置で電波の質に影響を及ぼさないものの技術操作であって他の無線局の無線従事者に管理される場合は、無線従事者の資格を有しない者が操作を行うことができる（施行33条）。

(注)　VSATは、Very Small Aperture Terminalの略である。

2　小規模地球局（小型地球局）の無線設備の条件

(1)　陸上に開設する２以上の地球局（移動するものであって、停止中にのみ運用を行うものに限る。(2)において同じ。）のうち、その送信の制御を行う他の一の地球局（制御地球局という。）と通信系を構成し、かつ、空中線の絶対利得が50デシベル以下の送信空中線を有するものの無線設備で、14.0GHzを超え14.4GHz以下の周波数の電波を送信し、12.2GHzを超え12.75GHz以下の電波を受信するものは、次の条件に適合するものでなければならない（設備54条の３・１項）。

ア　送受信機の筐体は、容易に開けることができないこと。

イ　変調方式は、次のいずれかであること。

(ア)　周波数変調（主搬送波をアナログ信号により変調するもの又はデジタル信号及びアナログ信号を複合した信号により変調するものに限る。）

(イ)　周波数変調（(ア)に掲げるものを除く。）、位相変調（デジタル変調方式のものに限る。）、直交振幅変調、振幅位相変調、スペクトル拡散方式、直交周波数分割多重方式その他のデジタル変調方式

ウ　空中線の交差偏波識別度は、27デシベル以上であること。

エ　送信空中線から輻射される40kHz帯域幅当たりの電力は、次の表の左欄に掲げる区別に従い、それぞれ同表の右欄に掲げるとおりのものであること。

主輻射の方向からの離角(θ)	最大輻射電力（１ワットを０デシベルとする。）
2.5度以上７度未満	次に掲げる式による値以下 $33-25\log_{10}\theta-10\log_{10}N$デシベル Nは、次のとおりとする。以下この表において同じ。 (1)　スペクトル拡散方式又は伝送信号重畳キャンセル技術を用いる場合は、Nは同時に

	送信することができる地球局がすべて送信した場合の任意の単位帯域幅における電力の最大値と1の地球局が送信した場合の当該単位帯域幅における電力の最大値の比とする。 (2) スペクトル拡散方式又は伝送信号重畳キャンセル技術を用いない場合は、N＝1とする。
7度以上9.2度未満	次に掲げる式による値以下 $12-10\log_{10} N$ デシベル
9.2度以上48度未満	次に掲げる式による値以下 $36-25\log_{10}\theta-10\log_{10} N$デシベル
48度以上180度未満	次に掲げる式による値以下 $-6-10\log_{10} N$ デシベル

オ　送信装置の発振回路に故障が生じた場合において、自動的に電波の発射を停止する機能を有すること。

カ　人工衛星局の中継により制御地球局が送信する制御信号を受信した場合に限り、送信を開始できる機能を有すること。

キ　12.2GHzを超え12.44GHz以下の周波数の電波を受信するものである場合は、その受信する電波の周波数の制御を行う地球局が、その制御により受信周波数を変更することができるものであること。

(2) 陸上に開設する2以上の地球局のうち、制御地球局と通信系を構成し、かつ、空中線の絶対利得が56デシベル以下の送信空中線を有するものの無線設備であって、28.45GHzを超え29.1GHz以下の周波数又は29.46GHzを超え30.0GHz以下の周波数の電波を送信し、18.72GHzを超え19.22GHz以下の周波数又は19.7GHzを超え20.2GHz以下の周波数の電波を受信するものは、次の各号の条件に適合するものでなければならない（設備54条の3・2項）。

ア　送受信機の筐体は、容易に開けることができないこと。

イ　変調方式は、周波数変調、位相変調又は振幅位相変調（いずれもエネルギー拡散方式により変調するものを含む。）であること。

ウ　空中線の交差偏波識別度は、最大空中線利得から1デシベル低下した空中線利得方向において20デシベル以上であること。

エ　送信空中線から輻射される40kHz帯域幅当たりの電力の尖頭値の90パーセントが、次の表の左欄に掲げる区別に従い、それぞれ同表の右欄に掲げるとおりであること。

主輻射の方向からの離角(θ)	最大輻射電力（１ワットを０デシベルとする。）
２度以上７度以下	次に掲げる式による値以下 $19-25\log_{10}\theta-10\log_{10}N$デシベル Ｎは、同時に送信することを許された地球局がすべて送信した場合の任意の単位帯域幅における電力の最大値と１の地球局が送信した場合の当該単位帯域幅における電力の最大値の比とする。以下この表及び次号の表において同じ。
７度を超え9.2度以下	次に掲げる式による値以下 $-2-10\log_{10}N$デシベル
9.2度を超え48度以下	次に掲げる式による値以下 $22-25\log_{10}\theta-10\log_{10}N$デシベル
48度を超え180度以下	次に掲げる式による値以下 $-10-10\log_{10}N$デシベル

オ　エの規定にかかわらず、28.45GHzを超え29.1GHz以下の周波数若しくは29.46GHzを超え29.5GHz以下の周波数の電波を受信する人工衛星局（平成15年７月１日までに無線通信規則付録第４号に基づく完全な情報を国際電気通信連合が受領した静止衛星軌道を利用するものに限る。）又は29.5GHzを超え30.0GHzの周波数の電波を受信する人工衛星局（平成12年６月２日までに静止衛星軌道において利用されているものに限る。）と通信を行う当該周波数の電波を送信する地球局の送信空中線から輻射される40kHz帯域幅当たりの電力の尖頭値の90パーセントが、次の表の左欄に掲げる区別に従い、それぞれ同表の右欄に掲げるとおりであること。

主輻射の方向からの離角(θ)	最大輻射電力（１ワットを０デシベルとする。）
３度以上７度以下	次に掲げる式による値以下 $28-25\log_{10}\theta-10\log_{10}N$デシベル

７度を超え9.2度以下	次に掲げる式による値以下 $7-10\log_{10}N$デシベル
9.2度を超え48度以下	次に掲げる式による値以下 $31-25\log_{10}\theta-10\log_{10}N$デシベル
48度を超え180度以下	次に掲げる式による値以下 $-1-10\log_{10}N$デシベル

カ　エ及びオの規定にかかわらず、28.15GHzを超え29.0GHz以下の周波数の電波を送信する地球局（オの人工衛星局と通信するものを除く。）であって、空中線の直径が65センチメートル未満のものの送信空中線から輻射される40kHz帯域幅当たりの電力の尖頭値の90パーセントが、次の表の左欄に掲げる区別に従い、それぞれ同表の右欄に掲げる値を超えないものは、エの表の左欄に掲げる区別に従い、それぞれ同表の右欄に掲げる値に３デシベル加えたものであること。

主輻射の方向からの離角(θ)	最大輻射電力（１ワットを０デシベルとする。）
２度以上７度以下	次に掲げる式による値以下 $37-25\log_{10}\theta-10\log_{10}M$デシベル Mは、同時に送信することを許された地球局がすべて送信した場合の２MHz帯域幅における電力の最大値と一の地球局が送信した場合の当該単位帯域幅における電力の最大値の比とする。以下この表において同じ。
７度を超え9.2度以下	次に掲げる式による値以下 $16-10\log_{10}M$デシベル
9.2度を超え48度以下	次に掲げる式による値以下 $40-25\log_{10}\theta-10\log_{10}M$デシベル
48度を超え180度以下	次に掲げる式による値以下 $7-10\log_{10}M$デシベル

キ　送信装置の発振回路に故障が生じた場合において、自動的に電波の発射を停止する機能を有すること。

ク　人工衛星局の中継により制御地球局が送信する制御信号を受信した場合に限り、送信を開始できる機能を有すること。

第４章 無線従事者

電波の能率的な利用を図るためには、無線設備が良好であるほか、その操作が適切に行われなければならない。また、無線設備の操作には専門的な知識が必要である。このため、電波法では、無線局の無線設備の操作は、原則として一定の資格を有する無線従事者でなければ行ってはならないという資格制度を採用し、無線従事者による無線設備の操作、無線従事者の資格、免許等について規定している。なお、無線従事者とは、無線設備の操作又はその監督を行う者であって、総務大臣の免許を受けたものをいう（法２条６号）。

無線従事者は、無線設備の操作について、一定の知識及び技能を有する者として一定範囲の無線設備の操作及び無線従事者の資格のない者等の操作の監督を行うことができる地位を与えられていると同時に、無線局の無線設備の操作に従事する場合はこれを適正に運用しなければならない責任のある地位に置かれるものである。

４－１ 資格制度

４－１－１ 無線設備の操作を行うことができる者

無線設備の操作を行うことができる無線従事者以外の者は、主任無線従事者（注）として選任された者であって選任の届出がされたものにより監督を受けなければ、無線局の無線設備の操作（簡易な操作であって総務省令で定めるものを除く。）を行ってはならない。ただし、船舶又は航空機が航行中であるため無線従事者を補充することができ

メモ

ないとき、その他総務省令で定める場合は、この限りではない（法39条1項）。

（注） 主任無線従事者とは、無線局（アマチュア無線局を除く。）の無線設備の操作の監督を行う者をいう。

4－1－2 無線設備の操作の特例等

1 資格等を要しない場合

無線設備の操作は、前述したように、原則として一定の資格を有する無線従事者又は主任無線従事者の監督を受ける者でなければ行ってはならないが、次の場合は、無資格者又は監督を受けない者でも無線局の無線設備の操作を行うことができる。

(1) 無線従事者の資格を要しない無線設備の簡易な操作を行うとき（法39条1項、施行33条）（参考を参照）。

(2) 非常通信業務を行う場合であって、無線従事者を無線設備の操作に充てることができないとき、又は主任無線従事者を無線設備の操作の監督に充てることができないとき（施行33条の2・1項抜粋）。

参考 無線従事者の資格を要しない簡易な操作

無線従事者の資格を要しない無線設備の簡易な操作は、次のとおりである（施行33条抜粋）。

1 電波法第4条第1号から第3号までに規定する免許を要しない無線局の無線設備の操作（注）

（注）登録局の無線設備の操作は、無線従事者の資格を要するものがある。

2 電波法第27条の2に規定する特定無線局（同条第1号に掲げるもの（航空機地球局にあっては、航空機の安全運航又は正常運航に関する通信を行わないものに限る。）に限る。）の無線設備の通信操作及び当該無線設備の外部の転換装置で電波の質に影響を及ぼさないものの技術操作

3 次に掲げる無線局（特定無線局に該当するものを除く。）の無線設備の通信操作

(1) 陸上に開設した無線局（海岸局、航空局、船上通信局、無線航行局

及び海岸地球局並びに航空地球局（航空機の安全運航又は正常運航に関する通信を行うものに限る。）を除く。）

⑵　携帯局

⑶　携帯移動地球局

4　次に掲げる無線局（適合表示無線設備のみを使用するものに限る。）の無線設備の外部の転換装置で電波の質に影響を及ぼさないものの技術操作

⑴　フェムトセル基地局

⑵　特定陸上移動中継局

⑶　簡易無線局

⑷　構内無線局

⑸　無線標定陸上局その他の総務大臣が別に告示する無線局

5　次に掲げる無線局（特定無線局に該当するものを除く。）の無線設備の外部の転換装置で電波の質に影響を及ぼさないものの技術操作で他の無線局の無線従事者（他の無線局が外国の無線局である場合は、当該他の無線局の無線設備を操作することができる電波法第40条第１項の無線従事者の資格を有する者であって、総務大臣が告示で定めるところにより、免許人が当該技術操作を管理する者として総合通信局長に届け出たものを含む。）に管理されるもの

⑴　基地局（陸上移動中継局の中継により通信を行うものに限る。）

⑵　陸上移動局

⑶　携帯局

⑷　簡易無線局（４に該当するものを除く。）

⑸　VSAT地球局

⑹　航空機地球局、携帯移動地球局その他の総務大臣が別に告示する無線局

6　１から５までに掲げるもののほか、総務大臣が別に告示するもの

2　無線従事者でなければ行ってはならない操作

モールス符号を送り、又は受ける無線電信の操作その他総務省令で定める無線設備の操作は、無線従事者でなければ行ってはならない（法39条２項）。

参考　無線従事者でなければ行ってはならない無線設備の操作

次に掲げる無線局の無線設備の操作は、（主任無線従事者の監督の下であっても）無線従事者でなければ行ってはならない。

1　モールス符号を送り、又は受ける無線電信の操作（法39条２項）

2　海岸局、船舶局、海岸地球局又は船舶地球局の無線設備の通信操作で遭難通信、緊急通信又は安全通信に関するもの（施行34条の２・１号）

3　航空局、航空機局、航空地球局又は航空機地球局の無線設備の通信操作で遭難通信又は緊急通信に関するもの（施行34条の２・２号）

4　航空局の無線設備の通信操作で次に掲げる通信の連絡の設定及び終了に関するもの（自動装置による連絡設定が行われる無線局の無線設備のものを除く。）（施行34条の２・３号）

⑴　無線方向探知に関する通信

⑵　航空機の安全運航に関する通信

⑶　気象通報に関する通信（⑵に掲げるものを除く。）

5　２から４までに掲げるもののほか、総務大臣が別に告示するもの（施行34条の２・４号）

4－1－3　資格の種別

無線従事者の資格は、「総合」、「海上」、「航空」、「陸上」及び「アマチュア」の５つに区分され、その区分ごとに資格が定められている。資格の種別は次のとおりであり、その総数は23資格である（法40条１項、施行令２条）。

1　無線従事者（総合）　⑴　第一級総合無線通信士
⑵　第二級総合無線通信士
⑶　第三級総合無線通信士

2　無線従事者（海上）
(1)　第一級海上無線通信士
(2)　第二級海上無線通信士
(3)　第三級海上無線通信士
(4)　第四級海上無線通信士
(5)　海上特殊無線技士
　ア　第一級海上特殊無線技士
　イ　第二級海上特殊無線技士
　ウ　第三級海上特殊無線技士
　エ　レーダー級海上特殊無線技士

3　無線従事者（航空）
(1)　航空無線通信士
(2)　航空特殊無線技士

4　無線従事者（陸上）
(1)　第一級陸上無線技術士
(2)　第二級陸上無線技術士
(3)　陸上特殊無線技士
　ア　第一級陸上特殊無線技士
　イ　第二級陸上特殊無線技士
　ウ　第三級陸上特殊無線技士
　エ　国内電信級陸上特殊無線技士

5　無線従事者（アマチュア）
(1)　第一級アマチュア無線技士
(2)　第二級アマチュア無線技士
(3)　第三級アマチュア無線技士
(4)　第四級アマチュア無線技士

4－1－4　主任無線従事者

1　主任無線従事者

主任無線従事者とは、無線局（アマチュア無線局を除く。）の無線設備の操作の監督を行う者をいう（法39条1項）。この免許人等から主任無線従事者として無線局に選任され、その旨届出がされているときは、その主任無線従事者の監督を受けることにより、無資格者又は下級の資格者であっても、その主任無線従事者の資格の操作範囲内での無線設備の操作を行うことができる。

(注) 免許人等とは、免許人又は登録人をいう(法6条1項)。

2 主任無線従事者の要件

主任無線従事者は、無線設備の操作の監督を行うことができる無線従事者であって、総務省令で定める次の事由に該当しないものでなければならない(法39条3項、施行34条の3)。

(1) 電波法に定める罪を犯し罰金以上の刑に処せられ、その執行を終わり、又はその執行を受けることがなくなった日から2年を経過しない者であること。

(2) 電波法若しくはこれに基づく命令又はこれらに基づく処分に違反して業務に従事することを停止され、その処分の期間が終了した日から3箇月を経過していない者であること。

(3) 主任無線従事者として選任される日以前5年間において無線局(無線従事者の選任を要する無線局でアマチュア局以外のものに限る。)の無線設備の操作又はその監督の業務に従事した期間が3箇月に満たない者であること。

3 主任無線従事者又は無線従事者の選任の届出

(1) 無線局の免許人等は主任無線従事者を選任又は解任したときは、遅滞なく、総務大臣に届け出なければならない(法39条4項)。

(2) 免許人等は、主任無線従事者以外の無線従事者を選任又は解任したときも同様に届け出なければならない(法51条)。

(3) (1)及び(2)の選任又は解任の届出は、電波法施行規則に規定する様式によって行うものとする(施行34条の4、別表3号)(資料16参照)。

4 主任無線従事者の職務等

(1) 選任の届出がされた主任無線従事者は、無線設備の操作の監督に関し総務省令で定める次の職務を誠実に行わなければならない(法

39条５項、施行34条の５）。

ア　主任無線従事者の監督を受けて無線設備の操作を行う者に対する訓練（実習を含む。）の計画を立案し、実施すること。

イ　無線設備の点検若しくは保守を行い、又はその監督を行うこと。

ウ　無線業務日誌その他の書類を作成し、又はその作成を監督すること（記載された事項に関し必要な措置を執ることを含む。）。

エ　主任無線従事者の職務を遂行するために必要な事項に関し免許人等又は登録局を運用する当該登録局の登録人以外の者に対して意見を述べること。

オ　その他無線局の無線設備の操作の監督に関し必要と認められる事項

(2)　選任の届出がされた主任無線従事者の監督の下に無線設備の操作に従事する者は、その主任無線従事者が職務を行うために必要であると認めてする指示に従わなければならない（法39条６項）。

5　主任無線従事者講習

(1)　無線局（総務省令で定めるものを除く。）の免許人等又は登録局を運用する当該登録局の登録人以外の者は、主任無線従事者に対し、総務省令で定める次の期間ごとに、無線設備の操作の監督に関し総務大臣の行う講習を受けさせなければならない（法39条７項、施行34条の７・１項、２項）。

ア　選任したときは、選任の日から６箇月以内

イ　２回目以降は、その講習を受けた日から５年以内ごと

(2)　主任無線従事者に対して実施する講習を「主任講習」といい（従事者70条）、総務大臣が行い又は総務大臣が指定する者（「指定講習機関」という。）に行わせることができるとされている（法39条７項、39条の２・１項）。

（注）　指定講習機関として、公益財団法人日本無線協会が指定されている。

(3) 総務大臣又は指定講習機関は、主任講習を修了した者に対しては、主任無線従事者講習修了証を交付する（従事者75条）。

4－2 無線設備の操作及び監督の範囲

無線設備の操作及び監督の範囲は、通信操作と技術操作の別、無線局の種別，無線設備の種類、周波数帯別、空中線電力の大小、業務区別等によって政令（電波法施行令）で定められている（法40条２項）。

陸上特殊無線技士の操作及び監督の範囲は、次のように規定されている（施行令３条１項抜粋）。

第一級陸上特殊無線技士	1　陸上の無線局（注１）の空中線電力500ワット以下の多重無線設備（多重通信を行うことができる無線設備でテレビジョンとして使用するものを含む。）で30メガヘルツ以上の周波数の電波を使用するものの技術操作 2　前号に掲げる操作以外の操作で第二級陸上特殊無線技士の操作の範囲に属するもの
第二級陸上特殊無線技士	1　次に掲げる無線設備の外部の転換装置で電波の質に影響を及ぼさないものの技術操作 (1)　受信障害対策中継放送局（注２）及びコミュニティ放送局（注３）の無線設備 (2)　陸上の無線局の空中線電力10ワット以下の無線設備（多重無線設備を除く。）で1,606.5キロヘルツから4,000キロヘルツまでの周波数の電波を使用するもの (3)　陸上の無線局のレーダーで(2)に掲げるもの以外のもの (4)　陸上の無線局で人工衛星局の中継により無線通信を行うものの空中線電力50ワット以下の多重無線設備 2　第三級陸上特殊無線技士の操作の範囲に属する操作
第三級陸上特殊無線技士	陸上の無線局の無線設備（レーダー及び人工衛星局の中継により無線通信を行う無線局の多重無線設備を除く。）で次に掲げるものの外部の転換装置で電波の質に影響を及ぼさないものの技術操作 1　空中線電力50ワット以下の無線設備で25,010キロヘルツから960メガヘルツまでの周波数の電波を使用するもの 2　空中線電力100ワット以下の無線設備で1,215メガヘルツ以上の周波数の電波を使用するもの
国内電信級陸上特殊無線技士	陸上に開設する無線局（海岸局、海岸地球局、航空局及び航空地球局を除く。）の無線電信の国内通信のための通信操作

（注１） 陸上の無線局とは、海岸局、海岸地球局、船舶局、船舶地球局、航

空局、航空地球局、航空機局、航空機地球局、無線航行局及び基幹放送局以外の無線局をいう（施行令３条２項）。

（注２）　受信障害対策中継放送局とは、受信障害対策放送を行う無線局をいい（法５条５項）、受信障害対策放送とは、相当範囲にわたる受信の障害が発生している地上基幹放送及び当該地上基幹放送の電波に重畳して行う多重放送を受信し、そのすべての放送番組に変更を加えないで当該受信の障害が発生している区域において受信されることを目的として同時にその再放送をする基幹放送局のうち、当該障害に係る地上基幹放送又は当該地上基幹放送の電波に重畳して行う多重放送をする無線局の免許を受けた者が行うもの以外のものをいう（施行令3条2項）。

（注３）　コミュニティ放送局とは、放送法に規定する超短波放送による一の市町村の全部もしくは一部の区域又はこれに準ずる区域として総務省令で定めるものにおいて受信されることを目的として行われる放送(臨時かつ一時の目的のための放送であるものを除く。）をする無線局をいう（施行令３条２項）。

４－３　免許

４－３－１　免許の取得

１　免許の要件

(1)　無線従事者になろうとする者は、総務大臣の免許を受けなければならない（法41条１項）。

(2)　無線従事者の免許は、次のいずれかに該当する者でなければ受けることができない（法41条２項、従事者30条、33条１項）。

ア　資格別に行われる無線従事者国家試験に合格した者

イ　総務大臣が認定した無線従事者の養成課程を修了した者

ウ　学校教育法に基づく次に掲げる学校の区分に応じ総務省令で定める無線通信に関する科目を修めて卒業した者（同法による専門職大学の前期課程にあっては、修了した者）(学校の右側は、免許の対象資格（略称）を示す。)

⑺ 大学（短期大学を除く。） 二海特、三海特、一陸特

⑴ 短期大学（学校教育法による専門職大学の前期課程を含む。）又は高等専門学校 二海特、三海特、二陸特

⑼ 高等学校又は中等教育学校 二海特、三陸特

エ アからウまでに掲げる者と同等以上の知識及び技能を有する者として総務省令で定める一定の資格及び業務経歴その他の要件（認定講習課程の修了）を備える者

2 免許の申請

無線従事者の免許を受けようとする者は、無線従事者規則に規定する様式の申請書（資料17参照）に次に掲げる書類を添えて、合格した国家試験（その免許に係るものに限る。）の受験地、修了した無線従事者養成課程の主たる実施の場所（その場所が外国の場合にあっては、当該養成課程を実施した者の主たる事務所の所在地）、無線通信に関する科目を修めて卒業した学校の所在地又は認定講習課程の主たる実施の場所を管轄する総合通信局長（「所轄総合通信局長」という。）に提出することとされている。また、申請者の住所を管轄する総合通信局長に提出することもできる（従事者46条、別表11号、施行51条の15、52条）。

⑴ 氏名及び生年月日を証する書類（注）

（注） 住民票の写し、戸籍抄本等

住民基本台帳法による住民票コード又は現に有する無線従事者免許証の番号、電気通信主任技術者資格者証の番号若しくは工事担任者資格者証の番号のいずれか一つを記入する場合は、添付を省略できる。

⑵ 写真（申請前６月以内に撮影した無帽、正面、上三分身、無背景の縦30ミリメートル、横24ミリメートルのもので、裏面に申請する資格及び氏名を記載したものとする。） １枚

⑶ 養成課程の修了証明書（養成課程を修了した者が免許を受けようとする場合に限る。）

⑷ 科目履修証明書、履修内容証明書及び卒業証明書（4-3-1の1

の⑵ウに該当する場合に限るものとし、履修内容証明書にあっては、無線従事者規則第31条第１項の確認を受けていない学校を卒業した者が免許を受けようとする場合に限る。）

⑸　業務経歴証明書及び認定講習課程の修了証明書（４－３－１の１の⑵エに該当する者が免許を受けようとする場合に限る。）

⑹　医師の診断書（無線従事者規則第45条第１項第２号（４－３－２の１の⑶参照）に該当する者が免許を受けようとする場合であって、総務大臣又は総合通信局長が必要と認めるときに限る。）

３　免許証の交付

⑴　総務大臣又は総合通信局長は、免許を与えたときは、免許証（資料18参照）を交付する（従事者47条１項）。

⑵　⑴により免許証の交付を受けた者は、無線設備の操作に関する知識及び技術の向上を図るよう努めなければならない（従事者47条２項）。

４－３－２　欠格事由

１　次のいずれかに該当する者に対しては、無線従事者の免許は与えられない（法42条、従事者45条１項）。

⑴　電波法に定める罪を犯し罰金以上の刑に処せられ、その執行を終わり、又はその執行を受けることがなくなった日から２年を経過しない者（総務大臣又は総合通信局長が特に支障がないと認めたものを除く。）

⑵　無線従事者の免許を取り消され、取消しの日から２年を経過しない者（総務大臣又は総合通信局長が特に支障がないと認めたものを除く。）

⑶　視覚、聴覚、音声機能若しくは言語機能又は精神の機能の障害により無線従事者の業務を適正に行うに当たって必要な認知、判断及び意思疎通を適切に行うことができない者

2　1の(3)に該当する者であって、総務大臣又は総合通信局長がその資格の無線従事者が行う無線設備の操作に支障がないと認める場合は、その資格の免許が与えられる（従事者45条２項）。

3　1の(3)に該当する者が次に掲げる資格の免許を受けようとするときは、２の規定にかかわらず免許が与えられる（従事者45条３項）。

(1)　第三級陸上特殊無線技士

(2)　第一級アマチュア無線技士

(3)　第二級アマチュア無線技士

(4)　第三級アマチュア無線技士

(5)　第四級アマチュア無線技士

4－4　免許証の携帯義務

無線従事者は、その業務に従事しているときは、免許証を携帯していなければならない（施行38条11項）。

4－5　免許証の再交付又は返納

4－5－1　免許証の再交付

無線従事者は、氏名に変更を生じたとき又は免許証を汚し、破り、若しくは失ったために免許証の再交付を受けようとするときは、無線従事者規則に規定する様式の申請書（資料17参照）に次に掲げる書類を添えて総務大臣又は総合通信局長に提出しなければならない（従事者50条、別表11号）。

1　免許証（免許証を失った場合を除く。）

2　写真１枚（免許申請の場合に同じ。）

3　氏名の変更の事実を証する書類（氏名に変更を生じた場合に限る。）

４－５－２　免許証の返納

1　無線従事者は、免許の取消しの処分を受けたときは、その処分を受けた日から10日以内にその免許証を総務大臣又は総合通信局長に返納しなければならない。免許証の再交付を受けた後失った免許証を発見したときも同様である（従事者51条１項）。

2　無線従事者が死亡し、又は失そうの宣告を受けたときは、戸籍法による死亡又は失そう宣告の届出義務者は、遅滞なく、その免許証を総務大臣又は総合通信局長に返納しなければならない（従事者51条２項）。

第5章
運　　用

5－1　一　般

無線局の運用とは、電波を発射し、又は受信して通信を行うことが中心であるが、電波は共通の空間を媒体としているため、これが適正に行われるかどうかは、電波の能率的利用に直接つながることになる。

このため、電波法令では、電波の能率的な利用を図るため、無線局の運用においてすべての無線局に共通する事項を規定し、次に各無線局ごとに特徴的な事項を規定している。

無線設備を操作して無線局の運用に直接携わることとなる無線従事者は、一定の知識及び技能を有する者として、通常の通信のほか、非常通信等の重要通信についても適切に対応しなければならない。

5－1－1　通　　則

5－1－1－1　目的外使用の禁止等

無線局は、免許状に記載された目的又は通信の相手方若しくは通信事項の範囲を超えて運用してはならない。ただし、次に掲げる通信については、この限りではない（法52条）。

1　遭難通信（船舶又は航空機が重大かつ急迫の危険に陥った場合に遭難信号を前置する方法その他総務省令で定める方法により行う無線通信をいう。）

2　緊急通信（船舶又は航空機が重大かつ急迫の危険に陥るおそれがある場合その他緊急の事態が発生した場合に緊急信号を前置する方法そ

メ モ

の他総務省令で定める方法により行う無線通信をいう。）

3　安全通信（船舶又は航空機の航行に対する重大な危険を予防するために安全信号を前置する方法その他総務省令で定める方法により行う無線通信をいう。）

4　非常通信（地震、台風、洪水、津波、雪害、火災、暴動その他非常の事態が発生し、又は発生するおそれがある場合において、有線通信を利用することができないか又はこれを利用することが著しく困難であるときに人命の救助、災害の救援、交通通信の確保又は秩序の維持のために行われる無線通信をいう。）

5　放送の受信

6　その他総務省令で定める通信

参考　6の総務省令で定める通信（免許状に記載された目的等にかかわらず運用することができる通信）は、次のとおりである（施行37条抜粋）。

1　無線機器の試験又は調整をするために行う通信

2　国又は地方公共団体の飛行場管制塔の航空局と当該飛行場内を移動する陸上移動局又は携帯局との間に行う飛行場の交通の整理その他飛行場内の取締りに関する通信

3　一の免許人に属する航空機局とその免許人に属する海上移動業務、陸上移動業務又は携帯移動業務の無線局との間に行う当該免許人のための急を要する通信

4　一の免許人に属する携帯局とその免許人に属する海上移動業務、航空移動業務又は陸上移動業務の無線局との間に行う当該免許人のための急を要する通信

5　電波の規正に関する通信

6　電波法第74条（非常の場合の無線通信）第1項に規定する通信の訓練のために行う通信

7　水防法第27条第2項の規定による通信

8　消防組織法第41条の規定に基づき行う通信

9　災害救助法第11条の規定による通信

10　気象業務法第15条の規定に基づき行う通信

11　災害対策基本法第57条又は第79条（大規模地震対策特別措置法第20条又は第26条第１項において準用する場合を含む。）の規定による通信

12　携帯局と陸上移動業務の無線局との間で行う通信であって、地方公共団体が行う次に掲げる通信及び当該通信の訓練のために行う通信

(1)　消防組織法第１条の任務を遂行するために行う通信

(2)　消防法第２条第９項の業務を遂行するために行う通信

(3)　災害対策基本法第２条第10号に掲げる計画の定めるところに従い防災上必要な業務を遂行するために行う通信（７から11まで並びに(1)及び(2)に掲げる通信を除く。）

13　治安維持の業務をつかさどる行政機関の無線局相互間に行う治安維持に関し急を要する通信であって、総務大臣が別に告示する次のもの

(1)　防衛省設置法第４条に規定する防衛省の任務遂行上必要とする事項

(2)　警察法第２条に規定する責務遂行上必要とする事項

(3)　海上保安庁法第２条に規定する海上保安庁の任務遂行上必要とする事項

(4)　消防組織法第１条に規定する消防の任務遂行上必要とする事項

(5)　水防法第１条に規定する目的達成上必要とする事項

14　人命の救助又は人の生命、身体若しくは財産に重大な危害を及ぼす犯罪の捜査若しくはこれらの犯罪の現行犯人若しくは被疑者の逮捕に関し急を要する通信（他の電気通信系統によっては、当該通信の目的を達することが困難である場合に限る。）

15　第１号包括免許人（2-4-1の１に該当する無線局の免許人をいう（法27条の６・２項)。）が電波法第103条の６（注）の規定による許可に基づき運用する実験等無線局と当該第1号包括免許人の包括免許に係る特定無線局の通信の相手方である無線局との間で行う通信

（注）電波法第103条の６（要旨）

第１号包括免許人は、電波法第２章（無線局の免許)、第３章（無線設備）及び第４章（無線従事者）の規定にかかわらず、総務大臣の許可を受けて本邦内においてその包括免許に係る特定無線局と通信の相手方を同じくし、当該通信の相手方である無線局からの電波を受けることに

よって自動的に選択される周波数の電波のみを発射する実験等無線局を運用することができる。

5－1－1－2　免許状記載事項の遵守（じゅんしゅ）

1　無線設備の設置場所、識別信号、電波の型式及び周波数

無線局を運用する場合においては、次のものは免許状等に記載されたところによらなければならない。ただし、遭難通信については、この限りでない（法53条）。

(1)　無線設備の設置場所

(2)　識別信号（呼出名称等）

(3)　電波の型式及び周波数

（注）免許状等とは、無線局の免許状又は登録状をいう（法53条）。

2　空中線電力

無線局を運用する場合においては、空中線電力は、次に定めるところによらなければならない。ただし、遭難通信については、この限りでない（法54条）。

(1)　免許状等に記載されたものの範囲内であること。

(2)　通信を行うため必要最小のものであること。

3　運用許容時間

無線局は、免許状に記載された運用許容時間内でなければ、運用してはならない。ただし、5－1－1－1に掲げる通信を行う場合及び総務省令で定める場合は、この限りでない（法55条）。

5－1－1－3　混信の防止

無線局は、他の無線局又は電波天文業務（宇宙から発する電波の受信を基礎とする天文学のための当該電波の受信の業務をいう。）の用に供する受信設備その他総務省令（施行50条の2）で定める受信設備（無線局のものを除く。）で総務大臣が指定するもの（注）にその運用を阻害するような混信その他の妨害を与えないように運用しなければならない。ただし、遭難通信、緊急通信、安全通信及び非常通信については（人命及び財貨の保全のための重要な通信であるため）、この限りでない（法56条１項）。

（注） 自然科学研究機構、東海国立大学機構及び東北大学の受信設備等が指定されている。

5-1-1-4 秘密の保護

何人も法律に別段の定めがある場合（注１）を除くほか、特定の相手方に対して行われる無線通信を傍受（注２）してその存在若しくは内容を漏らし、又はこれを窃用（注３）してはならない（法59条）。

（注１）法律に別段の定めがある場合に該当するものとして、犯罪捜査のための通信傍受に関する法律等の規定がある。

（注２）傍受とは、積極的意思をもって、自己に宛てられていない無線通信を受信することである。

（注３）窃用とは、知ることのできた無線通信の秘密（存在又は内容）を自己又は第三者の利益のために利用することである。

参考

1 通信の秘密を侵してはならないことは、憲法において保障されているところであるが（憲法21条２項）、電波は空間を媒体としており、その性質は拡散性（ひろがる性質）を有し、広い地域に散在する多数の人に同時に同じ内容の情報を送ることができる利点を有する反面、受信機があればその無線通信を傍受してその存在及び内容を容易に知ることができるので、無線通信の秘密を保護するために憲法の規定を受けて、電波法にこのような規定が設けられている。

2 無線局免許状には、電波法第59条の条文が記載されている。

5-1-1-5 擬似空中線回路の使用（１陸・２陸）

無線局は、次に掲げる場合には、なるべく擬似空中線回路を使用しなければならない（法57条）。

1　無線設備の機器の試験又は調整を行うために運用するとき。

2　実験等無線局を運用するとき。

参考

擬似空中線回路は、実際の空中線と等価の抵抗、インダクタンス及び静電容量を有する回路で、供給エネルギーを電波として空間に輻射せずに回路内で消費させるものであり、他の無線局等に混信等の妨害を与えずに無線設備の試験又は調整を行うことができる。

5－1－2　一般通信方法

5－1－2－1　無線通信の原則

無線局は、無線通信を行うときは、次のことを守らなければならない（運用10条）。

1　必要のない無線通信は、これを行ってはならない。

2　無線通信に使用する用語は、できる限り簡潔でなければならない。

3　無線通信を行うときは、自局の識別信号を付して、その出所を明らかにしなければならない。

4　無線通信は、正確に行うものとし、通信上の誤りを知ったときは、直ちに訂正しなければならない。

5－1－2－2　業務用語

無線通信を簡潔にそして正確に行うためには、これに使用する業務用語等を定める必要がある。また、業務用語は、その定められた意義で定められた手続どおりに使用されるのでなければその目的を達成することができない。このため、無線局運用規則では、次のように規定している。

1　無線電信による通信

(1)　無線電信による通信（「無線電信通信」という。）の業務用語には、無線局運用規則別表第２号に定める略語（資料19、１、２参照）又は符号（「略符号」という。）を使用するものとする（運用13条１項）。

(2) 無線電信通信においては、(1)の略符号と同意義の他の語辞を使用してはならない。ただし、航空、航空の準備及び航空の安全に関する情報を送るための固定業務以外の固定業務においては、別に告示（昭和36年告示第789号）された略符号を使用することができる（運用13条２項）。

2 無線電話による通信

(1) 無線電話による通信（「無線電話通信」という。）の業務用語には、無線局運用規則別表第４号に定める略語（資料19、３参照）を使用するものとする（運用14条１項）。

(2) 無線電話通信においては、(1)の略語と同意義の他の語辞を使用してはならない。ただし、無線局運用規則別表第２号に定める略符号（Ｑ符号等）(「ＱＲＴ」、「ＱＵＭ」、「ＱＵＺ」、「$\overline{\mathrm{DDD}}$」、「$\overline{\mathrm{SOS}}$」、「ＴＴＴ」及び「ＸＸＸ」を除く。）の使用を妨げない（運用14条２項）。

参考

1 送信速度等

(1) 無線電信通信

ア 手送りによる通報の送信速度の標準は、１分間について次のとおりとする（運用15条１項）。

和文 75字、 欧文暗語 16語、 欧文普通語 20語

イ アの送信速度は、空間の状態及び受信者の技倆、その他相手局の受信状態に応じて調節しなければならない（運用15条２項)。

ウ 遭難通信、緊急通信又は安全通信に係る手送りによる通報の送信速度は、アにかかわらず、原則として、１分間について和文70字、欧文16語を超えてはならない（運用15条３項）。

(2) 無線電話通信

ア 通報の送信は、語辞を区切り、かつ、明りょうに発音して行わなければならない（運用 16 条１項）。

イ 遭難通信、緊急通信又は安全通信に係る通報の送信速度は、受信者が筆記できる程度のものでなければならない（運用16条２項）。

2　無線電話通信に対する準用

無線電話通信の方法については、無線局運用規則第20条第2項の呼出しその他特に規定があるものを除き、無線電信通信の方法に関する規定を準用する（運用18条1項）。

5-1-2-3　発射前の措置

1　無線局は、相手局を呼び出そうとするときは、電波を発射する前に、受信機を最良の感度に調整し、自局の発射しようとする電波の周波数その他必要と認める周波数によって聴守し、他の通信に混信を与えないことを確かめなければならない。ただし、遭難通信、緊急通信、安全通信及び非常の場合の無線通信を行う場合並びに海上移動業務以外の業務で他の通信に混信を与えないことが確実である電波により通信を行う場合は、この限りでない（運用19条の2・1項）。

2　1の場合において、他の通信に混信を与えるおそれがあるときは、その通信が終了した後でなければ呼出しをしてはならない（運用19条の2・2項）。

5-1-2-4　連絡設定の方法

1　呼出し

呼出しは、次の事項（以下「呼出事項」という。）を順次送信して行うものとする（運用20条1項）。

(1)　無線電話の場合

ア	相手局の呼出名称（又は呼出符号）	3回以下
イ	こちらは	1回
ウ	自局の呼出名称（又は呼出符号）	3回以下

(2)　無線電信の場合

ア	相手局の呼出符号	3回以下
イ	ＤＥ	1回
ウ	自局の呼出符号	3回以下

2　呼出しの反復及び再開

海上移動業務以外の業務においては、呼出しは、１分間以上の間隔をおいて２回反復することができる。また、呼出しを反復しても応答がないときは、少なくとも３分間の間隔をおかなければ、呼出しを再開してはならない(運用21条１項、２項)。

3　呼出しの中止

⑴　無線局は、自局の呼出しが他の既に行われている通信に混信を与える旨の通知を受けたときは、直ちにその呼出しを中止しなければならない（運用22条１項)。

⑵　⑴の通知をする無線局は、その通知をするに際し、分で表す概略の待つべき時間を示すものとする（運用22条２項)。

4　応　答

⑴　無線局は、自局に対する呼出しを受信したときは、直ちに応答しなければならない（運用23条１項)。

⑵　呼出しに対する応答は、次の事項（以下「応答事項」という。）を順次送信して行うものとする（運用23条２項)。

ア　無線電話の場合

㈠	相手局の呼出名称（又は呼出符号）	３回以下
㈡	こちらは	１回
㈢	自局の呼出名称（又は呼出符号）	１回

イ　無線電信の場合

㈠	相手局の呼出符号	３回以下
㈡	ＤＥ	１回
㈢	自局の呼出符号	１回

⑶　⑵の応答に際して、直ちに通報を受信しようとするときは、応答事項の次に、

「どうぞ」(無線電話の場合)

「Ｋ」(無線電信の場合)

を送信するものとする。

ただし、直ちに通報を受信することができない事由があるときは、この事項の代わりに

「……分間お待ちください」(無線電話の場合)

「$\overline{\text{AS}}$……」(無線電信の場合)

を送信するものとする。この場合、概略の待つべき時間が10分以上のときは、その理由を簡単に送信しなければならない(運用23条3項)。

(4)　応答する場合において、受信上特に必要があるとき（実際上は、感度及び明瞭度が悪いとき）は、自局の呼出名称（又は呼出符号）の次に次の事項を送信するものとする（運用23条4項)。

ア　無線電話の場合

「感度」及び強度を表す数字又は「明瞭度」及び明瞭度を表す数字

イ　無線電信の場合

「ＱＳＡ」及び強度を表す数字又は「ＱＲＫ」及び明瞭度を表す数字

〔例〕無線電話の場合

よこはまぽうさい　よこはまぽうさい　こちらは　かなざわく
感度２（又は明瞭度２）　どうぞ

無線電信の場合

ＪＡＢ　ＪＡＢ　ＤＥ　ＪＸＹＺ　ＱＳＡ２（又はＱＲＫ２）　Ｋ

（注）感度及び明瞭度の表示（運用14条２項、別表２号)。

〔感度（ＱＳＡ）の表示〕	〔明瞭度（ＱＲＫ）の表示〕
1　ほとんど感じません。	1　悪いです。
2　弱いです。	2　かなり悪いです。
3　かなり強いです。	3　かなり良いです。
4　強いです。	4　良いです。
5　非常に強いです。	5　非常に良いです。

5　通報の有無の通知

(1)　呼出し又は応答に際して相手局に送信すべき通報の有無を知らせる必要があるときは、呼出事項又は応答事項の次に次の事項を送信するものとする（運用24条１項）。

ア　無線電話の場合

「通報があります」(送信すべき通報がある場合)

「通報はありません」(送信すべき通報がない場合)

イ　無線電信の場合（国内）

「ＱＴＣ」(送信すべき通報がある場合)

「ＱＲＵ」(送信すべき通報がない場合)

(2)　この場合、送信すべき通報の通数を知らせようとするときは、次の事項を送信するものとする（運用24条２項）。

ア　無線電話の場合

「通報が ……(通報を表す数字) 通あります」

イ　無線電信の場合（国内）

「ＱＴＣ ……(通報を表す数字)」

5-1-2-5　不確実な呼出しに対する応答

1　無線局は、自局に対する呼出しであることが確実でない呼出しを受信したときは、その呼出しが反復され、かつ、自局に対する呼出しであることが確実に判明するまで応答してはならない（運用26条１項）。

2　自局に対する呼出しを受信したが、呼出局の呼出名称（又は呼出符号）が不確実であるときは、応答事項のうち相手局の呼出名称（又は呼出符号）の代わりに、

「誰かこちらを呼びましたか」(無線電話の場合)

「ＱＲＺ？」(無線電信の場合)

を使用して、直ちに応答しなければならない（運用26条２項）。

〔例〕無線電話の場合
誰かこちらを呼びましたか　こちらは　としましょうぼう
無線電信の場合
ＱＲＺ？　ＤＥ　ＪＡＢＣ

5-1-2-6　周波数の変更方法（国内）

1　呼出し又は応答の際の周波数の変更

(1)　混信の防止その他の事情によって通常通信電波（注）以外の電波を用いようとするときは、呼出し又は応答の際に呼出事項又は応答事項の次に次の事項を順次送信して通知するものとする。ただし、用いようとする電波の周波数があらかじめ定められているときは、その電波の周波数の送信を省略することができる（運用27条）。

〔無線電話の場合〕
「こちらは　…（周波数）に変更します」又は
「そちらは　…（周波数）に変えてください」　１回

〔無線電信の場合〕
ア　ＱＳＷ 又は ＱＳＵ　１回
イ　用いようとする電波の周波数　１回
ウ　？（「ＱＳＵ」を送信したときに限る。）　１回

（注）　通報の送信に通常用いる電波をいう（運用２条）。

(2)　(1)の通知に同意するときは、応答事項の次に次の事項を順次送信する（運用28条１項）。

〔無線電話の場合〕
ア　「こちらはその周波数（又は　…（周波数））を聴取します」　１回
イ　「どうぞ」(直ちに通報を受信しようとする場合に限る。)　１回

〔無線電信の場合〕
ア　ＱＳＸ　１回

イ　K（直ちに通報を受信しようとする場合に限る。）　1回

(3) (2)の場合において、相手局の用いようとする電波の周波数によっては受信ができないか又は困難であるときは、上記の事項に代えて、次の事項を順次送信し、相手局の同意を得た後「どうぞ（K）」を送信する（運用28条2項）。

〔無線電話の場合〕

「そちらは …（周波数）に変えてください」　1回

〔無線電信の場合〕

ア　QSU　1回

イ　相手局の用いようとする電波の周波数の代わりに他の受信できる電波の周波数　1回

2　通信中の周波数の変更

(1) 通信中において、混信の防止その他の必要により使用電波の周波数の変更を要求しようとするときは、次の事項を順次送信して行うものとする（運用34条）。

〔無線電話の場合〕

「そちらは …（周波数）に変えてください」又は

「こちらは …（周波数）に変更します」　1回

〔無線電信の場合〕

ア　QSU 又は QSW 若しくは QSY　1回

イ　変更によって使用しようとする周波数（用いようとする電波の周波数があらかじめ定められているときは省略することができる。）　1回

ウ　?（「QSW」を送信したときに限る。）　1回

(2) (1)の要求を受けた無線局は、これに応じようとするときは、「了解（無線電信の場合は、R）」（通信状態等により必要と認めるときは「こちらは …（周波数）に変更します（無線電信の場合は、QSW）」）を送信し、直ちに周波数を変更しなければならない（運用

35条）。

5-1-2-7　通報の送信方法

1　通報の送信

(1)　呼出しに対して応答を受けたときは、相手局が「お待ちください（無線電信の場合は、$\overline{\text{ＡＳ}}$）」を送信した場合及び呼出しに使用した電波以外の電波に変更する場合を除き、直ちに通報の送信を開始するものとする（運用29条1項）。

(2)　通報の送信は、次に掲げる事項を順次送信して行うものとする。ただし、呼出しに使用した電波と同一の電波により送信する場合は、無線電話及び無線電信のいずれの場合もそれぞれ、ア、イ、ウに掲げる事項の送信を省略することができる（運用29条2項）。

〔無線電話の場合〕

ア	相手局の呼出名称（又は呼出符号）	1回
イ	こちらは	1回
ウ	自局の呼出名称（又は呼出符号）	1回
エ	通報	
オ	どうぞ	1回

〔無線電信の場合〕

ア	相手局の呼出符号	1回
イ	ＤＥ	1回
ウ	自局の呼出符号	1回
エ	通報	
オ	Ｋ	1回

(3)　通報の送信は、「終り」（無線電信の場合は、和文は「$\overline{\text{ラタ}}$」、欧文は「$\overline{\text{ＡＲ}}$」）をもって終わるものとする（運用29条3項）。

(4)　海上移動業務以外の業務における無線電信通信において、特に必要があるときは、(2)（無線電信の場合）のエの前に、「ＨＲ」又は

「ＡＨＲ」（２通目以降の通報の送信の前に使用）を送信することができる（運用29条４項）。

2　長時間の送信

無線局は、長時間継続して通報を送信するときは、30分ごとを標準として適当に「こちらは（無線電信の場合は、ＤＥ）」及び自局の呼出名称（又は呼出符号）を送信しなければならない（運用30条）。

3　誤った送信の訂正

送信中において誤った送信をしたことを知ったときは、次に掲げる略符号を前置して、正しく送信した適当の語字から更に送信しなければならない（運用31条）。

「訂正」　　　　　　　　　　　　（無線電話の場合）

「$\overline{\text{ラタ}}$」(和文)　「$\overline{\text{ＨＨ}}$」(欧文)　　（無線電信の場合）

4　通報の反復

(1)　相手局に対し通報の反復を求めようとするときは、「反復（無線電信の場合は、ＲＰＴ）」の次に反復する箇所を示すものとする（運用32条）。

(2)　送信した通報を反復して送信するときは、１字若しくは１語ごとに反復する場合又は略符号を反復する場合を除いて、その通報の各通ごと又は１連続ごとに「反復（無線電信の場合は、ＲＰＴ）」を前置するものとする（運用33条）。

5-1-2-8　通報の送信の終了、受信証及び通信の終了

1　通報の送信の終了

通報の送信を終了し、他に送信すべき通報がないことを通知しようとするときは、送信した通報に続いて、次の事項を順次送信するものとする（運用36条）。

〔無線電話の場合〕

ア「こちらは、そちらに送信するものがありません」

イ　「どうぞ」

〔無線電信の場合〕

ア　ＮＩＬ

イ　Ｋ

2　受信証（国内）

(1)　通報を確実に受信したときは、次の事項を順次送信するものとする（運用37条１項）。

〔無線電話の場合〕

ア　相手局の呼出名称（又は呼出符号）　1回

イ　こちらは　1回

ウ　自局の呼出名称（又は呼出符号）　1回

エ　「了解」又は「OK」　1回

オ　最後に受信した通報の番号　1回

〔無線電信の場合〕

ア　相手局の呼出符号　1回

イ　ＤＥ　1回

ウ　自局の呼出符号　1回

エ　Ｒ　1回

オ　最後に受信した通報の番号　1回

(2)　国内通信を行う場合においては、(1)のオに掲げる事項の送信に代えてそれぞれ受信した通報の通数を示す数字１回を送信することができる（運用37条２項）。

(3)　海上移動業務以外の業務においては、(1)のア、イ、ウに掲げる事項の送信を省略することができる（運用37条３項）。

3　通信の終了

通信が終了したときは、「さようなら（無線電信の場合は、「$\overline{\text{ＶＡ}}$」）」を送信するものとする。ただし、海上移動業務以外の業務では、これを省略することができる（運用38条）。

5-1-2-9　通信方法の特例（1陸・2陸）

無線局の通信方法については、無線局運用規則の規定によることが著しく困難であるか又は不合理である場合は、別に告示（注）する方法によることができる（運用18条の2）。

（注）昭和37年告示第361号（抜粋）

次に掲げる無線局にあっては、呼出し、応答、通報の送信又は通信の終了等の方法については、無線局運用規則の規定にかかわらず、それぞれ当該無線局の設備に適合した方法によることができる（要旨）。

1　多重無線設備の無線局

2　無人方式の無線設備の無線局

3　同時送受話方式による無線局（海上移動業務又は航空移動業務の無線局を除く。）で26.175MHz以上の周波数の電波を使用するもの

4　特定の信号又はあらかじめ録音された通報を自動的に反復送信する無線設備の無線局

5　ラジオマイクの無線局

5-1-2-10　試験電波の発射

1　試験電波を発射する前の注意

無線局は、無線機器の試験又は調整を行うため電波の発射を必要とするときは、発射する前に自局の発射しようとする電波の周波数及びその他必要と認める周波数によって聴守し、他の無線局の通信に混信を与えないことを確かめなければならない（運用39条1項）。

2　試験電波の発射方法

(1)　1の聴守により他の無線局の通信に混信を与えないことを確かめた後、次の事項を順次送信しなければならない。

〔無線電話の場合〕

ア	ただいま試験中	3回
イ	こちらは	1回
ウ	自局の呼出名称（又は呼出符号）	3回

更に1分間聴守を行い、他の無線局から停止の請求がない場合に限り、次の事項を送信する。

エ　「本日は晴天なり」の連続

オ　自局の呼出名称（又は呼出符号）　　1回

〔無線電信の場合〕

ア　EX　　3回

イ　DE　　1回

ウ　自局の呼出符号　　3回

更に1分間聴守を行い、他の無線局から停止の請求がない場合に限り、次の事項を送信する。

エ　「VVV」の連続

オ　自局の呼出符号　　1回

この場合において、「本日は晴天なり」の連続及び自局の呼出名称（又は呼出符号）（無線電話の場合）又は「VVV」の連続及び自局の呼出符号（無線電信の場合）の送信は、10秒間を超えてはならない（運用39条1項）。

(2)　海上移動業務以外の業務の無線局にあっては、必要があるときは、10秒間を超えて送信することができる（運用39条3項）。

3　試験電波発射中の注意及び発射の中止

(1)　試験又は調整中は、しばしばその電波の周波数により聴守を行い、他の無線局から停止の要求がないかどうかを確かめなければならない（運用39条2項）。

(2)　他の既に行われている通信に混信を与える旨の通知を受けたときは、直ちにその発射を中止しなければならない（運用22条1項）。

5－2　固定業務及び陸上移動業務等

5－2－1　無線局の運用の限界（免許人等以外の者による無線局の運用）（1陸・2陸）

免許人等の事業又は業務の遂行上必要な事項についてその免許人等以外の者が行う無線局の運用であって、総務大臣が告示（参考を参照）するものの場合は、当該免許人等がする無線局の運用とする（施行5条の2）。

無線局は、本来免許人等以外の者による運用は認められないものである。しかしながら昨今の産業構造の分化、専門化、多様化によって、電波利用社会においても免許人等の事業等を下請けとか子会社を使用して行う事例が多くなってきている。このような場合、総務大臣が告示する一定の条件に適合するものは、無線局の運用を免許人等以外の者に行わせることができる。免許人等以外の者が行った運用は、免許人等が運用したものとされる。

参考　免許人等以外の者が行う無線局（アマチュア局を除く。）の運用を免許人等がする無線局の運用とするもの（令和4年告示第330号の概要）

免許人等以外の者が行う無線局の運用を、免許人等がする無線局の運用とするものは、免許人等の事業又は業務の遂行上必要な事項について、免許人等から無線局の運用を行う免許人等以外の者（運用者）に対して、法令に定めるところによる無線局運用の適正な監督が行われているもの（無線従事者の配置を要する場合は、適正な配置が確保されているものに限る。）であって、次に掲げるものとする。

1　スポーツ、レクリエーション、教養文化活動等の施設において当該施設の利用者である運用者が行う無線局の運用であって、免許人等が当該運用を認めているもの

2　教育、職業訓練等の事業又は業務の用に供する無線局を生徒、学生、受講者等である運用者による運用であって、免許人等が当該運用を認めているもの

3　免許人等が運用者に専ら非常時又は緊急時の措置をとらせるために開設する旅客を運送する事業又は業務の用に供するため、列車、自動車その他の陸上を移動するものに開設する無線局若しくは免許人等が設置又は管理する建物その他の施設において使用するために開設する無線局の運用者に

よる運用であって、当該運用が専ら総務省令（電波法施行規則第33条）で定める簡易な操作によるもの

4　免許人等と運用者との間に無線局開設に係る免許人等の事業又は業務を運用者が行うことについての契約関係がある場合にあっては、運用する無線局の免許番号、無線設備の台数、運用者の氏名、運用者による運用の期間等を記載した一覧を作成し、それによって適切に管理されているもの

5－2－2　無線局の運用の特例（１陸・２陸）

無線局は、通常その免許人の事業を遂行するために運用することとして開設するものであるが、特別な場合には、自己以外の者にその無線局を運用させることが認められる。

1　非常時運用人による無線局の運用

(1)　無線局（その運用が、専ら無線従事者の資格を要しない簡易な操作（電波法第39条第１項本文の総務省令で定める簡易な操作に限る。）によるものに限る。）の免許人等は、地震、台風、洪水、津波、雪害、火災、暴動その他非常の事態が発生し、又は発生するおそれがある場合において、人命の救助、災害の救援、交通通信の確保又は秩序の維持のために必要な通信を行うときは、当該無線局の免許等が効力を有する間、当該無線局を自己以外の者に運用させることができる（法70条の７・１項）。

(2)　(1)により無線局を自己以外の者に運用させた免許人等は、遅滞なく、当該無線局を運用する自己以外の者（「非常時運用人」という。）の氏名又は名称、非常時運用人による運用の期間その他の総務省令で定める事項を総務大臣に届け出なければならない（法70条の７・２項）。

(3)　(2)に規定する免許人等は、当該無線局の運用が適正に行われるよう、総務省令で定めるところにより、非常時運用人に対し、必要かつ適切な監督を行わなければならない（法70条の７・３項）。

2　免許人以外の者による特定の無線局の簡易な操作による運用

(1)　電気通信業務を行うことを目的として開設する無線局（無線設備

の設置場所、空中線電力等を勘案して、簡易な操作で運用することにより他の無線局の運用を阻害するような混信その他の妨害を与えないように運用することができるものとして総務省令（施行41条の2の3）で定めるものに限る。）の免許人は、当該無線局の免許人以外の者による運用（簡易な操作によるものに限る。この条において同じ。）が電波の能率的な利用に資するものである場合には、当該無線局の免許が効力を有する間、自己以外の者に当該無線局の運用を行わせることができる。ただし、免許人以外の者が電波法第５条第３項（2－1－2の３参照）各号のいずれかに該当するときは、この限りでない（法70条の８・１項）。

⑵　１の⑵及び⑶の規定は、⑴の規定により自己以外の者に無線局の運用を行わせた免許人について準用する（法70条の８・２項）。

5－2－3　通信方法

1　自動機通信による呼出し（国内）

自動機による通信における呼出事項の送信は、相手局が容易に聴取することができる速度によって行うものとする（運用125条の２・１項）。

この送信は、応答を受けるまで繰り返すことができる（運用125条の２・２項）。

2　自動機通信による連絡維持の方法（国内）

自動機による通信において連絡を維持するため必要があるときは、次の事項を繰り返し送信することができる（運用126条１項）。

⑴　Ｖ　又は　Ｅ　　適宜の回数
⑵　ＤＥ　　１回
⑶　自局の呼出符号　　３回以下

この場合、自局の呼出符号に引き続き必要と認める略符号を送信することができる（運用126条２項）。

3　呼出し又は応答の簡易化（2陸・国内）

(1)　空中線電力50ワット以下の無線設備を使用して呼出し又は応答を行う場合において、確実に連絡の設定ができると認められるときは、次の事項の送信を省略することができる（運用126条の2・1項）。

ア　呼出しの場合

(ア)「こちらは」(無線電話の場合）又は「ＤＥ」(無線電信の場合）

(イ)　自局の呼出名称（又は呼出符号）

イ　応答の場合

相手局の呼出名称（又は呼出符号）

(2)　(1)によりアの(ア)及び(イ)の事項の送信を省略した無線局は、その通信中少なくとも1回以上自局の呼出符号（又は呼出名称）を送信しなければならない（運用126条の2・2項）。

(3)　呼出名称を簡略して使用できる無線局

空中線電力50ワット以下の無線電話を使用する無線局のうち、「MCA（デジタルMCAを含む。）陸上移動通信を行う指令局及び陸上移動局」については、連絡の設定が容易であり、かつ、混同のおそれがないと認められる場合には、別に定めるところにより簡略した符号又は名称を総務大臣に届け出たうえ、それを使用することができる（運用126条の3、昭和58年告示第401号）。

4　一括呼出し（2陸・国内）

(1)　免許状に記載された通信の相手方である無線局を一括して呼び出そうとするときは、次の事項を順次送信して行うものとする（運用127条1項）。

ア　無線電話の場合

(ア)	各局	3回
(イ)	こちらは	1回
(ウ)	自局の呼出名称（又は呼出符号）	3回以下
(エ)	どうぞ	1回

イ　無線電信の場合

(ア)　ＣＱ　3回

(イ)　ＤＥ　1回

(ウ)　自局の呼出符号　3回以下

(エ)　Ｋ　1回

(2)　一括呼出しに対する各無線局の応答順位は、関係の免許人においてあらかじめ定めておかなければならない（運用127条2項）。

(3)　一括呼出しの呼出しを受けた無線局は、この順序に従って応答しなければならない（運用127条3項）。

5　通報送信の特例（2陸・国内）

特に急を要する内容の通報を送信する場合であって、相手局が受信していることが確実であるときは、相手局の応答を待たないで通報を送信することができる（運用127条の2）。

6　特定局あて一括呼出し（2陸・国内）

2以上の特定の無線局を一括して呼び出そうとするときは、次の事項を順次送信して行うものとする（運用127条の3・1項）。

(1)　無線電話の場合

ア　相手局の呼出名称（又は呼出符号）又は識別符号　それぞれ2回以下

イ　こちらは　1回

ウ　自局の呼出名称（又は呼出符号）　3回以下

エ　どうぞ　1回

(2)　無線電信の場合

ア　相手局の呼出符号（又は識別符号）　それぞれ2回以下

イ　ＤＥ　1回

ウ　自局の呼出符号　3回以下

エ　Ｋ　1回

(3)　(1)及び(2)の相手局の呼出名称又は呼出符号は、「各局」（無線電話の場合）又は「ＣＱ」（無線電信の場合）に地域名を付したものをもって代えることができる（運用127条の３・２項）。

7　各局あて同報（２陸・国内）

免許状に記載された通信の相手方に対して同時に通報を送信する場合は、次の事項を順次送信して行うものとする（運用127条の４、59条１項）。

(1)　無線電話の場合

ア	各局	３回以下
イ	こちらは	１回
ウ	自局の呼出名称（又は呼出符号）	３回以下
エ	通報の種類	１回
オ	通報	２回以下

(2)　無線電信の場合

ア	ＣＱ	３回以下
イ	ＤＥ	１回
ウ	自局の呼出符号	３回以下
エ	通報の種類	１回
オ	通報	２回以下

8　特定局あて同報（２陸・国内）

(1)　２以上の特定の通信の相手方に対して同時に通報を送信しようとするときは、６の特定局あて一括呼出しの場合におけるそれぞれアからウまでの事項に引き続き、通報を送信して行う（運用128条１項）。

(2)　２以上の周波数の電波を使用して同一事項を同時に送信するときは、それらの周波数ごとに指定された自局の呼出名称（又は呼出符号）は、斜線をもって区別しなければならない（運用128条２項）。

5－2－4　非常通信及び非常の場合の無線通信

5-2-4-1　意　義

1　非常通信

非常通信とは、5－1－1－1の4で述べたように、地震、台風、洪水、津波、雪害、火災、暴動その他非常の事態が発生し、又は発生するおそれがある場合において、有線通信を利用することができないか又はこれを利用することが著しく困難であるときに人命の救助、災害の救援、交通通信の確保又は秩序の維持のために行われる無線通信をいう(法52条)。この通信は、すべての無線局が自主的な判断に基づいて行うことができるものである。

2　非常の場合の無線通信

有線通信の利用のいかんにかかわらず、総務大臣は、地震、台風、洪水、津波、雪害、火災、暴動その他非常の事態が発生し、又は発生するおそれがある場合においては、人命の救助、災害の救援、交通通信の確保又は秩序の維持のために必要な通信を無線局に行わせることができる（法74条1項)。この通信を「非常の場合の無線通信」といい、総務大臣の命令によって行われることから、国はその通信に要した実費を弁償しなければならないとされている（法74条2項)。

3　総務大臣は、非常の場合の無線通信の円滑な実施を確保するために必要な体制を整備するため、非常の場合における通信計画の作成、通信訓練の実施その他必要な措置を講じておかなければならない。このため、免許人等の協力を求めることができる（法74条の2)。

参考　非常通信協議会

3の目的を達成するため、国、地方公共団体、その他無線局の免許人等で組織された「非常通信協議会」があり、毎年、非常通信訓練を行うなどの活動をしている。

5-2-4-2　非常通信の特則、通信方法及び取扱いに関する事項

1　非常通信の特則

非常通信は、重要かつ緊急を要する通信であり、また、無線局の自主的な判断に基づいて行うので、法令上次のような特別の取扱いがなされている。

(1) 無線局の免許状に記載された目的又は通信の相手方若しくは通信事項の範囲を超えて、また、運用許容時間外においてもこの通信を行うことができる（法52条、55条）。

(2) また、他の無線局等にその運用を阻害するような混信その他の妨害を与えないように運用しなければならないという混信等防止の義務から除外されている（法56条1項）。

(3) 非常の場合の無線通信における通報の送信の優先順位は、次のとおりとする。同順位の内容であるときは、受付順又は受信順に従って送信しなければならない（運用129条1項）。

ア　人命の救助に関する通報

イ　天災の予報に関する通報（主要河川の水位に関する通報を含む。）

ウ　秩序維持のために必要な緊急措置に関する通報

エ　遭難者救援に関する通報（日本赤十字社の本社及び支社相互間に発受するものを含む。）

オ　電信電話回線の復旧のため緊急を要する通報

カ　鉄道線路の復旧、道路の修理、罹災者の輸送、救済物資の緊急輸送等に必要な通報

キ　非常災害地の救援に関し、次の機関相互間に発受する緊急な通報

中央防災会議並びに緊急災害対策本部、非常災害対策本部及び特定災害対策本部

地方防災会議等

災害対策本部

ク　電力設備の修理復旧に関する通報

ケ　その他の通報

(4)　(3)の順位によることが不適当であると認める場合は、適当と認める順位に従って送信することができる（運用129条２項）。

２　通信方法及び取扱いに関する事項

(1)　使用電波

ア　非常通信は、電波法第53条の規定により、免許状に記載された電波の型式及び周波数を使用して行う。

イ　Ａ１Ａ電波4,630kHzは、連絡を設定する場合に使用するものとし、連絡設定後の通信は通常使用する電波によるものとする。ただし、通常使用する電波によって通信を行うことができないか又は著しく困難な場合は、この限りでない（運用130条）。

(2)　聴守義務

非常の事態が発生したことを知ったその付近の無線電信局は、なるべく毎時の零分過ぎ及び30分過ぎから各10分間Ａ１Ａ電波4,630kHzによって聴守しなければならない（運用134条）。

(3)　連絡設定

ア　連絡を設定するための呼出し又は応答は、呼出事項又は応答事項に「非常」（無線電話の場合）又は「$\overline{\text{ＯＳＯ}}$」（無線電信の場合）３回を前置して行うものとする（運用131条）。

イ　各局あて又は特定の無線局あての一括呼出し又は同時送信を行う場合には、

〔無線電話の場合〕

「各局」又は相手局の呼出名称（又は呼出符号若しくは識別符号）

〔無線電信の場合〕

「ＣＱ」又は相手局の呼出符号若しくは識別符号

の送信の前に「非常」(無線電話の場合）又は「$\overline{\mathrm{OSO}}$」(無線電信の場合）３回を送信するものとする（運用133条)。

ウ　通報を送信しようとするときは、「ヒゼウ」（欧文であるときは「ＥＸＺ」）を前置して行うものとする（運用135条)。

(4)　「非常」又は「$\overline{\mathrm{OSO}}$」を受信した場合の措置

「非常」(無線電話の場合）又は「$\overline{\mathrm{OSO}}$」(無線電信の場合）を前置した呼出しを受信した無線局は、応答する場合を除くほか、これに混信を与えるおそれのある電波の発射を停止して傍受しなければならない（運用132条)。

(5)　取扱いの停止

無線局は、非常通信の取扱いを開始した後、有線通信の状態が復旧した場合は、すみやかにその取扱いを停止しなければならない（運用136条)。

(6)　非常の場合の無線通信の訓練の通信方法

非常の場合の無線通信の訓練のための通信は、非常の場合の無線通信の通信方法に準じて行う。この場合、非常の場合の無線通信に使用する「非常」、「$\overline{\mathrm{OSO}}$」、「ヒゼウ」又は「ＥＸＺ」の略語若しくは符号は、「クンレン」と読み替えるものとする（運用135条の２)。

参考

非常の場合の無線通信の方法については、無線局運用規則第129条から第137条までにおいて規定されているが、これらの条文の規定内容及び準用規定から、非常の場合の無線通信（電波法第74条第１項に規定する通信）のみでなく、非常通信における通信方法等にも共通する規定として解されている。

第6章
業　務　書　類

電波法では、免許を受けた無線局を適正に管理し運用するために必要なものの備付けを義務付けている。

無線従事者は、これを適切に管理することが求められる。

6－1　業務書類

6－1－1　備付けを要する業務書類

1　備付け

(1)　無線局には、正確な時計及び無線業務日誌その他総務省令で定める書類を備え付けておかなければならない。ただし、総務省令で定める無線局については、これらの全部又は一部の備付けを省略することができる（法60条）。

(2)　無線局には、正確な時計及び無線業務日誌のほかに、総務省令で定める書類（「業務書類」という。）を備え付けておかなければならない。陸上特殊無線技士に関係のある無線局については、次のとおりである（施行38条１項抜粋）。

ア　固定局、基地局、携帯基地局、陸上移動中継局、無線呼出局等

(ア)　免許状（注１）

(イ)　無線局の免許の申請書の添付書類（無線局事項書、工事設計書）の写し（再免許を受けた無線局にあっては、最近の再免許の申請に係るもの並びに無線局免許手続規則第16条の３の規定により提出を省略した添付書類と同一の記載内容を有する添付書類の写し及び同規則第17条の規定により提出を省略した工事

メ モ

設計書と同一の記載内容を有する工事設計書の写し）（注２）

(ウ)　無線局免許手続規則第12条（注３）（同規則第25条第１項（注４）において準用する場合を含む。）の変更の申請書の添付書類及び届出書の添付書類の写し（再免許を受けた無線局にあっては、最近の再免許後における変更に係るもの）（注２）

（注１）　免許状については、スキャナ読取り等の方法によって保存することにより、書面の免許状の備付けに代えることができることとなっている（イに掲げる無線局についても同じ。）。

（注２）この書類は、無線局免許手続規則第８条第２項（同規則第12条第４項、第15条の４第２項、第15条の５第２項、第15条の６第２項及び第19条第２項において準用する場合を含む。）の規定により総務大臣又は総合通信局長が提出書類の写しであることを証明したもの（同規則第８条第２項ただし書の規定により申請者に返したものとみなされた提出書類の写しに係る電磁的記録を含む。）とする。

（注３）予備免許中の工事設計等の変更の申請及び届出に係る手続の規定

（注４）次に掲げる変更の申請及び届出に係る手続の規定

①　無線局の目的、通信の相手方、通信事項若しくは無線設備の設置場所等を変更し、又は無線設備の変更の工事をしようとするときの許可の申請又は届出

②　識別信号、電波の型式、周波数、空中線電力又は運用許容時間の指定の変更の申請

イ　陸上移動局、携帯局、携帯移動地球局、簡易無線局及び構内無線局等

免許状

(3)　電子申請等により、電波法施行規則第38条第１項及び第５項の規定により無線局に備え付けておかなければならない書類のうち次の各号に掲げるものに係る電磁的記録を提出した無線局については、当該書類に係る電磁的記録（総務省の使用に係る電子計算機に備えられたファイルに記録された当該書類に係る電磁的記録をいう。）を必要に応じ直ちに表示することができる方法（当該書類に係る電磁的記録を直ちに表示することが困難又は不合理である無線局にあっては、当該書類に係る電磁的記録の内容を確認することができ

る方法として総務大臣が別に告示する方法）をもって、当該書類（アからエまでに掲げるものにあっては、当該書類の写し）の備付けとすることができる（施行38条７項）。

ア　無線局の免許の申請書の添付書類

イ　無線局免許手続規則第12条（同規則第25条第１項において準用する場合を含む。）の変更の申請書の添付書類及び届出書の添付書類

ウ　電波法施行規則第43条第１項又は第２項の届出書に添付した書類

エ　無線従事者選解任届

オ　（省略）

２　時計及び無線業務日誌の備付けの省略

(1)　電波法第60条ただし書の規定（１の(1)参照）により、総務省令で定める無線局については、時計、無線業務日誌及びその他の業務書類の全部又は一部の備付けを省略することができる。その省略できる無線局は、総務大臣が別に告示する（法60条、施行38条の2・１項、昭和35年告示第1017号）。

(2)　登録局にあっては、時計及び無線業務日誌の備付けを省略することができる（施行38条の２・２項）。

３　備付け場所の特例

１により、無線局に備え付けなければならない書類であって、当該無線局に備え付けておくことが困難であるか又は不合理であるものについては、総務大臣が別に指定する場所（登録局にあっては、登録人の住所）に備え付けておくことができる（施行38条の３・１項）。

参考　時計及び無線業務日誌の備付けを省略できる無線局

（昭和35年告示第1017号抜粋）

1　時計の備付けを省略できる無線局

(1)　地上基幹放送局、地上基幹放送試験局、海岸局、航空局、船舶局、航

空機局、無線航行陸上局、無線標識局、海岸地球局、航空地球局、船舶地球局、航空機地球局（航空機の安全運航又は正常運航に関する通信を行うものに限る。）、衛星基幹放送局、衛星基幹放送試験局、非常局、基幹放送を行う実用化試験局、標準周波数局及び特別業務の局以外の無線局

(2)　無人方式の無線設備の局（(1)の無線局を除く。）

2　無線業務日誌の備付けを省略できる無線局

地上基幹放送局、地上基幹放送試験局、海岸局、航空局、船舶局、航空機局、無線航行陸上局、無線標識局、海岸地球局、航空地球局、船舶地球局、航空機地球局、衛星基幹放送局、衛星基幹放送試験局、非常局及び基幹放送を行う実用化試験局以外の無線局

6－2　免許状

6－2－1　備付けの義務

1　備付け

免許状は総務省令で定める書類（業務書類）として、無線局に備付けが義務付けられている（施行38条1項）（6－1－1の1参照）。

2　備付け場所

陸上移動局、携帯局、無線標定移動局、携帯移動地球局、陸上を移動する地球局であって停止中にのみ運用を行うもの又は移動する実験試験局（宇宙物体に開設するものを除く。）、簡易無線局若しくは気象援助局等にあっては、その無線設備の常置場所（VSAT地球局にあっては、VSAT制御地球局の無線設備の設置場所とする。）、包括免許に係る特定無線局にあっては、当該包括免許に係る手続を行う包括免許人の事務所に免許状を備え付けなければならない（施行38条3項、8項）。

6－2－2　訂正、再交付又は返納

1　訂　正

(1)　免許人は、免許状に記載した事項に変更を生じたときは、その免許状を総務大臣に提出し、訂正を受けなければならない（法21条）。

(2)　免許人は、免許状の訂正を受けようとするときは、所定の事項を

記載した申請書を総務大臣又は総合通信局長に提出しなければならない（免許22条１項）。

なお、免許状の訂正の申請書の様式は、無線局免許手続規則に規定されている（免許22条２項、別表６号の５）（資料９参照）。

(3) この申請があった場合において、総務大臣又は総合通信局長は、新たな免許状の交付による訂正を行うことがある（免許22条３項）。

(4) 総務大臣又は総合通信局長は、(2)の申請による場合のほか、職権により免許状の訂正を行うことがある（免許22条４項）。

(5) 免許人は、新たな免許状の交付を受けたときは、遅滞なく旧免許状を返さなければならない（免許22条５項）。

2　再交付

(1) 免許人は、免許状を破損し、汚し、失った等のために、免許状の再交付の申請をしようとするときは、所定の事項を記載した申請書を総務大臣又は総合通信局長に提出しなければならない（免許23条１項）。

なお、免許状の再交付の申請書の様式は、無線局免許手続規則に規定されている（免許23条２項、別表６号の８）（資料10参照）。

(2) 免許人は、免許状の再交付を受けたときは、遅滞なく旧免許状を返さなければならない。ただし、免許状を失った等のためにこれを返すことができない場合は、この限りでない（免許23条３項）。

3　返　納

無線局の免許がその効力を失ったときは、免許人であった者は、１箇月以内にその免許状を返納しなければならない（法24条）。

参考　無線局の免許がその効力を失うときとは、次の場合である。

1　無線局の免許の取消し（処分）を受けたとき（７－４参照）

2　無線局を廃止したとき

3　無線局の免許の有効期間が満了したとき

第７章
監　　督

監督とは、総務大臣が無線局の免許、許可等の権限との関連において、免許人等、無線従事者その他の無線局関係者等の電波法上の行為について、その行為がこれらの者の守るべき義務に違反することがないかどうか、又はその行為が適正に行われているかどうかについて絶えず注意し、行政目的を達成するため必要に応じ、指示、命令、処分等を行うことである。

電波法では、総務大臣が行う無線局の周波数等の指定の変更、無線設備の技術基準への適合命令、無線局の電波の発射の停止や運用の停止の命令、無線局の検査の実施、無線局や無線従事者の免許の取消し等の処分、総務大臣への報告の義務などについて規定している。

このほか、総務省においては、全国各地に電波監視施設を設置し、不法無線局の探査、混信の排除等を行い電波の利用環境及び利用秩序の維持を図っている。

７－１　技術基準適合命令

総務大臣は、無線設備が電波法第３章に定める技術基準に適合していないと認めるときは、当該無線設備を使用する無線局の免許人等に対し、その技術基準に適合するように当該無線設備の修理その他の必要な措置をとるべきことを命ずることができる（法71条の５）。

メ　モ

7－2　電波の発射の停止

1　臨時の電波の発射の停止

総務大臣は、無線局の発射する電波の質（周波数の偏差及び幅、高調波の強度等）が総務省令（設備５条から７条）で定めるものに適合していないと認めるときは、当該無線局に対して臨時に電波の発射の停止を命ずることができる（法72条１項）。

2　停止の解除

１の命令を受けた無線局から、その発射する電波の質が総務省令の定めるものに適合するに至った旨の申出を受けたときは、総務大臣は、その無線局に電波を試験的に発射させ、総務省令で定めるものに適合しているときは、直ちに電波の発射の停止を解除しなければならない（法72条２項、３項）。

7－3　無線局の検査

7－3－1　定期検査

1　検査の実施

総務大臣は、総務省令（施行41条の３、41条の４）で定める時期ごとに、あらかじめ通知する期日に、その職員を無線局（総務省令（施行41条の２の６）で定めるものを除く。）に派遣し、その無線設備、無線従事者の資格（主任無線従事者の要件に係るものを含む。）及び員数並びに時計及び書類（「無線設備等」という。）を検査させる。ただし、当該無線局の発射する電波の質又は空中線電力に係る無線設備の事項以外の事項の検査を行う必要がないと認める無線局については、その無線局に電波の発射を命じて、その発射する電波の質又は空中線電力の検査を行う（法73条１項）。この検査を「定期検査」という。

2　定期検査の実施時期

(1)　無線局の免許（再免許を除く。）の日以後最初に行う定期検査の時期は、総務大臣又は総合通信局長が指定した時期とする（施行41

条の３）。

⑵　１の総務省令で定める時期は、電波法施行規則別表第５号において無線局ごとに定める期間を経過した日の前後３月を超えない時期とする。ただし、免許人の申出により、その時期以外の時期に定期検査を行うことが適当であると認めて、総務大臣又は総合通信局長が定期検査を行う時期を別に定めたときは、この限りでない（施行41条の４、別表５号）（資料26参照）。

３　定期検査を行わない無線局等

⑴　定期検査は、総務省令（施行41条の２の６）で定める無線局については行わない（法73条１項）。この定期検査を行わない無線局は、単一通信路の固定局、陸上移動局、空中線電力１ワット以下の基地局等である（施行41条の２の６）（資料27参照）。

⑵　定期検査は、当該無線局についてその検査を総務省令で定める時期に行う必要がないと認める場合は、１の規定にかかわらず、その時期を延期し、又は省略することができる（法73条２項）。

４　定期検査の省略

⑴　定期検査は、当該無線局（人の生命又は身体の安全の確保のためその適正な運用の確保が必要な無線局として総務省令で定めるものを除く。）の免許人から、総務大臣が通知した期日の１箇月前までに、当該無線局の無線設備等について登録検査等事業者（無線設備等の点検の事業のみを行う者を除く。）が、総務省令で定めるところにより、当該登録に係る検査を行い、当該無線局の無線設備がその工事設計に合致しており、かつ、その無線従事者の資格及び員数並びに時計及び書類が電波法の規定にそれぞれ違反していない旨を記載した証明書（検査結果証明書）の提出があったときは、省略することができる（法73条３項）。

⑵　具体的には、免許人から提出された無線設備等の検査実施報告書（資料22参照）及びこれに添付された検査結果証明書（資料24参照）が

適正なものであって、かつ、検査（点検である部分に限る。）を行った日から起算して3箇月以内に提出された場合は、定期検査が省略される（施行41条の５）。検査の省略は、無線局検査省略通知書（資料21参照）により通知される（施行39条２項）。

(3) 人の生命又は身体の安全の確保のためその適正な運用の確保が必要な無線局として総務省令で定めるもの（定期検査の省略の対象とならない無線局）は、資料25のとおりである（登録検査15条、平成23年告示第277号）。

5　定期検査の一部省略

定期検査を受けようとする者が、総務大臣からあらかじめ通知を受けた検査実施期日の１箇月前までに、当該無線局（人の生命又は身体の安全の確保のためその適正な運用の確保が必要な無線局として総務省令で定めるもののうち、国が開設するものを除く。）の無線設備等について登録検査等事業者又は登録外国点検事業者が総務省令で定めるところにより行った点検の結果を記載した書類（無線設備等の点検実施報告書に点検結果通知書が添付されたもの（注））（資料23参照）を提出した場合は、検査の一部が省略される（法73条４項、施行41条の６、登録検査19条）。

（注） 検査の一部が省略されるためには、適正なものであって、かつ、点検を実施した日から起算して3箇月以内に提出されたものでなければならない。

6　検査結果の通知

検査の結果は、無線局検査結果通知書（資料20参照）により、通知される（施行39条１項）。

7－3－2　臨時検査

1　総務大臣は、次に掲げる場合には、その職員を無線局に派遣し、その無線設備等を検査させることができる（法73条５項）。この検査を

「臨時検査」と呼んでいる。

(1)　総務大臣が、無線局の無線設備が電波法第3章に定める技術基準に適合していないと認め、その技術基準に適合するよう当該無線設備の修理その他の必要な措置をとるべきことを命じたとき（7－1参照）。

(2)　総務大臣が、無線局の発射する電波の質が総務省令で定めるものに適合していないと認め、電波の発射の停止を命じたとき（7－2の1参照）。

(3)　(2)の命令を受けた無線局からその発射する電波の質が総務省令に定めるものに適合するに至った旨の申出があったとき（7－2の2参照）。

(4)　その他電波法の施行を確保するため特に必要があるとき。

2　総務大臣は、1の(4)の場合において、当該無線局の発射する電波の質又は空中線電力に係る無線設備の事項のみについて検査を行う必要があると認めるときは、その無線局に電波の発射を命じて、その発射する電波の質又は空中線電力の検査を行うことができる（法73条6項）。

3　検査の結果は、無線局検査結果通知書（資料20第1参照）により、通知される（施行39条1項）。

7－4　無線局の免許の取消し、運用停止又は運用制限

1　免許等の取消し

免許等の取消しについては、絶対的に「取り消す場合」((1)の場合）と「取り消すことがある場合」((2)の場合）とがある。

(1)　総務大臣は、免許人が無線局の免許を与えられない者（2－1－2の1参照）となったときは、その免許を取り消さなければならない（法75条1項、5条1項、2項）。

(2)　総務大臣は、免許人等が次のいずれかに該当するときは、その免

許等を取り消すことができる。

ア　免許人（包括免許人を除く。）の場合（法76条４項）

(ア)　正当な理由がないのに、無線局の運用を引き続き６月以上休止したとき。

(イ)　不正な手段により無線局の免許若しくは無線設備の変更等の許可を受け、又は指定の変更を行わせたとき（2-3-2の１及び２参照）。

(ウ)　無線局の運用の停止命令又は運用の制限に従わないとき（次項２参照）。

(エ)　免許人が電波法又は放送法に規定する罪を犯し罰金以上の刑に処せられたこと等によって、無線局の免許を与えられないことがある者に該当するに至ったとき（2-1-2の３参照）。

(オ)　特定地上基幹放送局の免許人が放送法第93条第１項第５号に該当するに至ったとき。

イ　包括免許人の場合（法76条５項）

(ア)　特定無線局の運用を指定された運用開始の期限までに全く開始しないとき。

(イ)　正当な理由がないのに、その包括免許に係るすべての特定無線局の運用を引き続き６月以上休止したとき。

(ウ)　不正な手段により包括免許若しくは特定無線局の目的又は通信の相手方等の変更の許可を受け、又は周波数、指定局数等の指定の変更を行わせたとき。

(エ)　無線局の運用の停止命令又は運用の制限に従わないとき（次項２参照）。

(オ)　包括免許人が電波法又は放送法に規定する罪を犯し罰金以上の刑に処せられたこと等によって、無線局の免許を与えられないことがある者に該当するに至ったとき。

ウ　登録人の場合（法76条６項）

(ア)　不正な手段により登録又は変更登録を受けたとき。

(イ)　無線局の運用の停止命令又は運用の制限若しくは新たな開設の禁止に従わないとき。

(ウ)　登録人が、電波法又は放送法に規定する罪を犯し罰金以上の刑に処せられたこと等によって、無線局の免許を与えられないことがある者に該当するに至ったとき。

(3)　総務大臣は、(2)のア～ウにより免許等の取消しをしたときは、その免許人等であった者が受けている他の無線局の免許等を取り消すことができる（法76条８項）。

2　運用の停止又は運用の制限

総務大臣は、免許人等が電波法、放送法若しくはこれらの法律に基づく命令又はこれらに基づく処分に違反したときは、３月以内の期間を定めて無線局の運用の停止を命じ、又は期間を定めて運用許容時間、周波数若しくは空中線電力を制限することができる（法76条１項）。

3　包括免許又は包括登録に係る無線局の開設の禁止

総務大臣は、包括免許人又は包括登録人が電波法、放送法若しくはこれらの法律に基づく命令又はこれらに基づく処分に違反したときは、３月以内の期間を定めて、包括免許又は電波法第27条の32第１項の規定による登録（包括登録）に係る無線局の新たな開設を禁止することができる（法76条２項）。

7－5　無線従事者の免許の取消し又は従事停止

総務大臣は、無線従事者が次のいずれかに該当するときは、その免許を取り消し、又は３箇月以内の期間を定めてその業務に従事することを停止することができる（法79条１項）。

1　電波法若しくは電波法に基づく命令又はこれらに基づく処分に違反したとき。

2　不正な手段により無線従事者の免許を受けたとき。

3　著しく心身に欠陥があって無線従事者たるに適しない者となったとき。

7－6　遭難通信を行った場合等の報告

1　無線局の免許人等は、次に掲げる場合は、総務省令で定める手続により、総務大臣に報告しなければならない（法80条抜粋）。

(1)　遭難通信、緊急通信、安全通信又は非常通信を行ったとき。

(2)　電波法又は電波法に基づく命令の規定に違反して運用した無線局を認めたとき。

2　１の報告は、できる限り速やかに、文書によって、総務大臣又は総合通信局長に行わなければならない（施行42条の４）。

第8章
罰 則 等

8－1　電波利用料制度

1　電波利用料制度の意義

現在は高度情報通信社会といわれている。その発展に大きな役割を果たしている電波の利用は、通信や放送を中心として国民生活や社会経済活動のあらゆる分野に及び、現代社会において必要不可欠なものとなっている。

このような中で、不法無線局を開設して他の無線局の通信や放送の受信を妨害する事例をはじめ、さまざまな原因による混信その他の妨害の発生が多くなっている。

電波利用料制度は、このような電波利用社会の実態にかんがみ、混信や妨害のない良好な電波環境を守るとともに、コンピュータシステムによる無線局の免許等の事務処理の実施、新たな無線設備の技術基準の策定のための研究開発の促進等今後適正に電波を利用するための事務処理に要する費用の財源を確保するために導入されたものである。

2　電波利用料の使途

電波利用料は、次に掲げる電波の適正な利用の確保に関し総務大臣が無線局全体の受益を直接の目的として行う事務の処理に要する費用(「電波利用共益費用」という。)の財源に充てられる（法103条の２・４項要旨)。

(1)　電波監視業務（電波の監視及び規正並びに不法に開設された無線

メ モ

局の探査）

⑵　総合無線局管理ファイルの作成及び管理

⑶　電波資源拡大のための無線設備の技術基準の策定に向けた研究開発

⑷　周波数の効率的な利用やひっ迫対策のための技術試験事務

⑸　技術基準策定のための国際機関及び外国の行政機関等との連絡調整並びに試験及びその結果の分析

⑹　電波の人体への影響等電波の安全性に関する調査

⑺　標準電波の発射

⑻　電波の伝わり方について、観測の実施、予報及び異常に関する警報の送信等の事務並びにこれらに必要な技術の調査、研究及び開発の事務

⑼　特定周波数変更対策業務（周波数割当計画等の変更を行う場合において、周波数等の変更に伴う無線設備の変更の工事を行おうとする免許人に対して給付金を支給するもの。）

⑽　特定周波数終了対策業務（電波のひっ迫状況が深刻化する中で、新規の電波需要に迅速に対応するため、特定の既存システムに対して５年以内の周波数の使用期限を定めた場合に、国が既存利用者に対して一定の給付金を支給することで、自主的な無線局の廃止を促し、電波の再配分を行うもの。）

⑾　人命又は財産の保護の用に供する無線設備の整備（例、防災行政無線及び消防・救急無線のデジタル化）のための補助金の交付

⑿　携帯電話等のエリア拡大のための補助金の交付

⒀　電波遮へい対策事業（鉄道や道路のトンネル内においても携帯電話の利用を可能とし、非常時における通信手段の確保等電波の適正な利用を確保するための補助金の交付）

⒁　電波の安全性及び電波の適正利用に関するリテラシーの向上に向けた活動

⒂　電波利用料に係る制度の企画又は立案　等

３　電波利用料の徴収対象

無線局の免許人等が対象である。ただし、国及び地方公共団体等の無線局であって、国民の安心・安全や治安・秩序の維持を目的とするもの（警察、消防、航空保安、気象警報、海上保安、防衛、水防事務、災害対策等）については、電波利用料は免除される。また、地方公共団体が地域防災計画に従って防災上必要な通信を行うために開設する無線局（防災行政用無線局）は、電波利用料の額が２分の１に減額される（法103条の２・１項、14項、15項）。

４　電波利用料の額

⑴　電波利用料は、無線局を９区分し、無線局の種別、使用周波数帯、使用する電波の周波数の幅、空中線電力、無線局の無線設備の設置場所、業務形態等に基づいて、及び使用する電波の経済的価値を勘案して電波利用料の額を年額で定めている（法103条の２・１項、別表第６）（資料28参照）。

⑵　⑴に加えて、広範囲の地域において同一の者により相当数開設される無線局（「広域開設無線局」という。）に使用させることを目的として、一定の区域を単位として、総務大臣が指定する周波数（6,000MHz以下のものに限る。）（「広域使用電波」という。）を使用する広域開設無線局の電波利用料の額は、使用する広域使用電波の周波数の幅（MHzで表した数値）、当該電波の使用区域に応じた係数及び広域使用電波の区分に応じて定められた金額により算定した金額とすることを定めている（法103条の２・２項、別表７、８）（資料28参照）。広域使用電波は、携帯電話等の無線通信に使用されている。

なお、政府は、少なくとも３年ごとに電波法第103条の２の規定の施行状況について電波利用料の適正性の確保の観点から検討を加え、必要があると認めるときは、その結果に基づいて所要の措置を講ずるものとする（法附則14）。

5　納付の方法

(1)　無線局の免許人等は、免許の日から30日以内（翌年以降は免許の日に当たる日（応当日）から30日以内）に上記の電波利用料を、総務省から送付される納入告知書により納付する（法103条の２・１項）。

(2)　納付は、最寄りの金融機関（郵便局、銀行、信用金庫等）、インターネットバンキング等若しくはコンビニエンスストアで行うか又は預金口座若しくは貯金口座のある金融機関に委託して行うことができる。また、翌年以降の電波利用料を前納することも可能である（法103条の２・17項、23項、施行４章２節の５）。

(3)　電波利用料を納めない者は、期限を指定した督促状によって督促され、さらにその納付期限が過ぎた場合は、延滞金を納めなければならない。また督促状に指定された期限までに納付しないときは、国税滞納処分の例により、処分される（法103条の２・25項、26項）。

8－2　罰　　則

電波法は、電波の公平かつ能率的な利用を確保することによって、公共の福祉を増進することを目的としており、この目的を達成するために、一般国民、無線局の免許人及び無線従事者等に対して「○○をしなければならない。」や「○○をしてはならない。」という義務を課し、この義務の履行を期待している。この義務が履行されない場合は、電波法の行政目的を達成することも不可能となるため、これらの義務の履行を罰則をもって確保することとしている。

義務の不履行に対しては、無線局の免許の取消し、運用の停止又は運用の制限や無線従事者免許の取消し又は従事停止等の行政処分によって行政目的を達成することとしているが、罰則に掲げられている義務は、電波法上きわめて重要な事項である。

電波法第９章は、電波法に違反した場合の罰則を設け、電波法の法益の確保及び違反の防止と抑制を図っている。

8－2－1　不法開設又は不法運用に対する罰則

無線局の不法開設又は不法運用とは、免許又は登録を受けないで無線局を開設し、又は電波を発射して通信を行うことである。このような不法行為に対しては、厳しく処罰することになっており、電波法第110条は、次のように規定している。

「電波法第4条の規定による免許又は第27条の21第1項の規定による登録がないのに、無線局を開設し、又は運用した者は、1年以下の懲役（注）又は100万円以下の罰金に処する。」

8－2－2　その他の罰則

以下に主なものを挙げる。

1　虚偽の通信等を発した場合

(1)　自己若しくは他人に利益を与え、又は他人に損害を加える目的で、無線設備によって虚偽の通信を発した者は、3年以下の懲役又は150万円以下の罰金に処する（法106条1項）。

(2)　無線設備によってわいせつな通信を発した者は、2年以下の懲役又は100万円以下の罰金に処する（法108条）。

2　重要通信に妨害を与えた場合

(1)　電気通信業務又は放送の業務の用に供する無線局の設備又は人命若しくは財産の保護、治安の維持、気象業務、電気事業に係る電気の供給の業務若しくは鉄道事業に係る列車の運行の業務の用に供する無線設備を損壊し、又はこれに物品を接触し、その他その無線設備の機能に障害を与えて無線通信を妨害した者は、5年以下の懲役又は250万円以下の罰金に処する（法108条の2・1項）。

(2)　(1)の未遂罪は、罰する（法108条の2・2項）。

3　通信の秘密を漏らし又は窃用した場合

(1)　無線局の取扱中に係る無線通信の秘密を漏らし、又は窃用した者は、1年以下の懲役又は50万円以下の罰金に処する（法109条1項）。

(注)「懲役」は、刑罰の懲役と禁錮を一本化して「拘禁刑」を創設した改正刑法の施行に伴い、電波法においても令和7年6月1日以降は「拘禁刑」となる（8-2-2その他の罰則も同様）。

(2) 無線通信の業務に従事する者がその業務に関し知り得た(1)の秘密を漏らし、又は窃用したときは、２年以下の懲役又は100万円以下の罰金に処する（法109条２項）。

(3) 暗号通信（注）を傍受した者又は媒介する者が、当該暗号通信を受信し、その暗号通信の秘密を漏らし、又は窃用する目的で、その内容を復元したときは、１年以下の懲役又は50万円以下の罰金に処する（法109条の２・１項）。

(4) 無線通信の業務に従事する者が、(3)の罪を犯したとき（その業務に関し暗号通信を傍受し、又は受信した場合に限る。）は、２年以下の懲役又は100万円以下の罰金に処する（法109条の２・２項）。

(5) (3)及び(4)の未遂罪は、罰する（法109条の２・４項）。

（注）「暗号通信」とは、通信の当事者（当該通信を媒介する者であって、その内容を復元する権限を有するものを含む。）以外の者がその内容を復元できないようにするための措置が行われた無線通信をいう（法109条の２・３項）。

4 無線局の運用違反に対する罰則

(1) 次のいずれかに該当する者は、１年以下の懲役又は100万円以下の罰金に処する（法110条抜粋）。

ア 免許状の記載事項（法52条、53条、54条１号、55条関係）に違反して無線局を運用した者

イ 電波法第18条第１項に違反して変更検査を受けないで許可に係る無線設備を運用した者

ウ 電波の発射又は運用を停止された無線局を運用した者

エ 技術基準適合命令（法71条の５）に違反した者

(2) 定期検査又は臨時検査を拒み、妨げ、又は忌避した者は、６月以下の懲役又は30万円以下の罰金に処する（法111条）。

(3) 運用の制限に違反した者は、50万円以下の罰金に処する（法112条）。

５　無資格操作等に対する罰則

次のいずれかに該当する者は、30万円以下の罰金に処する（法113条抜粋）。

⑴　無線従事者の資格のない者が、主任無線従事者として選任された者の監督を受けないで、無線局の無線設備の操作を行ったとき。

⑵　無線局の免許人が主任無線従事者を選任又は解任したのに、届出をしなかったとき又は虚偽の届出をしたとき。

⑶　無線従事者が（電波法令違反を行い、３箇月以内の期間を定めてその）業務に従事することを停止されたのに、その期間中に無線設備の操作を行ったとき。

６　両罰規定

法人の代表者又は法人若しくは人の代理人、使用人その他の従事者が、その法人又は人の業務に関し、電波法第110条、第110条の２又は第111条から第113条までの規定の違反行為をしたときは、行為者を罰するほか、その法人に対しても罰金刑を科す（法114条）。

資　料　編

資料１　用語の定義

１　電波法施行規則第２条関係（抜粋）

⑴　無線通信：電波を使用して行うすべての種類の記号、信号、文言、影像、音響又は情報の送信、発射又は受信をいう。

⑵　衛星通信：人工衛星局の中継により行う無線通信をいう。

⑶　単信方式：相対する方向で送信が交互に行われる通信方式をいう。

⑷　複信方式：相対する方向で送信が同時に行われる通信方式をいう。

⑸　同報通信方式：特定の２以上の受信設備に対し、同時に同一内容の通報の送信のみを行う通信方式をいう。

⑹　テレメーター：電波を利用して、遠隔地点における測定器の測定結果を自動的に表示し、又は記録するための通信設備をいう。

⑺　テレビジョン：電波を利用して、静止、又は移動する事物の瞬間的影像を送り、又は受けるための通信設備をいう。

⑻　ファクシミリ：電波を利用して、永久的な形に受信するために静止影像を送り、又は受けるための通信設備をいう。

⑼　無線測位：電波の伝搬特性を用いてする位置の決定又は位置に関する情報の取得をいう。

⑽　レーダー：決定しようとする位置から反射され、又は、再発射される無線信号と基準信号との比較を基礎とする無線測位の設備をいう。

⑾　送信設備：送信装置と送信空中線系とから成る電波を送る設備をいう。

⑿　送信装置：無線通信の送信のための高周波エネルギーを発生する

装置及びこれに付加する装置をいう。

⒀ 送信空中線系：送信装置の発生する高周波エネルギーを空間へ輻(ふく)射する装置をいう。

⒁ 無給電中継装置：送信機、受信機その他の電源を必要とする機器を使用しないで電波の伝搬方向を変える中継装置をいう。

⒂ 無人方式の無線設備：自動的に動作する無線設備であって、通常の状態においては技術操作を直接必要としないものをいう。

⒃ kHz ：キロ（10^3）ヘルツをいう。

⒄ MHz：メガ（10^6）ヘルツをいう。

⒅ GHz ：ギガ（10^9）ヘルツをいう。

⒆ THz ：テラ（10^{12}）ヘルツをいう。

⒇ 割当周波数：無線局に割り当てられた周波数帯の中央の周波数をいう。

㉑ 周波数の許容偏差：発射によって占有する周波数帯の中央の周波数の割当周波数からの許容することができる最大の偏差又は発射の特性周波数の基準周波数からの許容することができる最大の偏差をいい、百万分率又はヘルツで表す。

㉒ 占有周波数帯幅：その上限の周波数を超えて輻(ふく)射され、及びその下限の周波数未満において輻射される平均電力がそれぞれ与えられた発射によって輻射される全平均電力の0.5パーセントに等しい上限及び下限の周波数帯幅をいう。ただし、周波数分割多重方式の場合、テレビジョン伝送の場合等0.5パーセントの比率が占有周波数帯幅及び必要周波数帯幅の定義を実際に適用することが困難な場合においては、異なる比率によることができる。

㉓ スプリアス発射：必要周波数帯外における１又は２以上の周波数の電波の発射であって、そのレベルを情報の伝送に影響を与えないで低減することができるものをいい、高調波発射、低調波発射、寄生発射及び相互変調積を含み、帯域外発射を含まないものとする。

㉔ 帯域外発射：必要周波数帯に近接する周波数の電波の発射で情報

の伝送のための変調の過程において生ずるものをいう。

⑵⑸　不要発射：スプリアス発射及び帯域外発射をいう。

⑵⑹　スプリアス領域：帯域外領域の外側のスプリアス発射が支配的な周波数帯をいう。

⑵⑺　帯域外領域：必要周波数帯の外側の帯域外発射が支配的な周波数帯をいう。

⑵⑻　混信：他の無線局の正常な業務の運行を妨害する電波の発射、輻射又は誘導をいう。

⑵⑼　抑圧搬送波：受信側において利用しないため搬送波を抑圧して送出する電波をいう。

⑶⑽　低減搬送波：受信側において局部周波数の制御等に利用するため一定のレベルまで搬送波を低減して送出する電波をいう。

⑶⑴　全搬送波：両側波帯用の受信機で受信可能となるよう搬送波を一定レベルで送出する電波をいう。

⑶⑵　空中線電力：尖(せん)頭電力、平均電力、搬送波電力又は規格電力をいう。

⑶⑶　尖頭電力：通常の動作状態において、変調包絡線の最高尖頭における無線周波数1サイクルの間に送信機から空中線系の給電線に供給される平均の電力をいう。

⑶⑷　平均電力：通常の動作中の送信機から空中線系の給電線に供給される電力であって、変調において用いられる最低周波数の周期に比較してじゅうぶん長い時間（通常、平均の電力が最大である約10分の1秒間）にわたって平均されたものをいう。

⑶⑸　搬送波電力：変調のない状態における無線周波数1サイクルの間に、送信機から空中線系の給電線に供給される平均の電力をいう。ただし、この定義は、パルス変調の発射には適用しない。

⑶⑹　規格電力：終段真空管の使用状態における出力規格の値をいう。

⑶⑺　終段陽極入力：無変調時における終段の真空管に供給される直流陽極電圧と直流陽極電流との積の値をいう。

⑶⑻　空中線の利得：与えられた空中線の入力部に供給される電力に対

する、与えられた方向において、同一の距離で同一の電界を生ずるために、基準空中線の入力部で必要とする電力の比をいう。この場合において、別段の定めがないときは、空中線の利得を表す数値は、主輻射の方向における利得を示す。

(39) 空中線の絶対利得：基準空中線が空間に隔離された等方性空中線であるときの与えられた方向における空中線の利得をいう。

(40) 空中線の相対利得：基準空中線が空間に隔離され、かつ、その垂直二等分面が与えられた方向を含む半波無損失ダイポールであるときの与えられた方向における空中線の利得をいう。

2　電波法施行規則第３条関係（抜粋）

(1) 固定業務：一定の固定地点の間の無線通信業務（陸上移動中継局との間のものを除く。）をいう。

(2) 放送業務：一般公衆によって直接受信されるための無線電話、テレビジョン、データ伝送又はファクシミリによる無線通信業務をいう。

(3) 移動業務：移動局（陸上（河川、湖沼その他これらに準ずる水域を含む。）を移動中又はその特定しない地点に停止中に使用する受信設備（無線局のものを除く。陸上移動業務及び無線呼出業務において「陸上移動受信設備」という。）を含む。）と陸上局との間又は移動局相互間の無線通信業務（陸上移動中継局の中継によるものを含む。）をいう。

(4) 陸上移動業務：基地局と陸上移動局（陸上移動受信設備（無線呼出業務の携帯受信設備を除く。）を含む。基地局において同じ。）との間又は陸上移動局相互間の無線通信業務（陸上移動中継局の中継によるものを含む。）をいう。

(5) 携帯移動業務：携帯局と携帯基地局との間又は携帯局相互間の無線通信業務をいう。

(6) 無線呼出業務：携帯受信設備（陸上移動受信設備であって、その携帯者に対する呼出し（これに付随する通報を含む。以下この号において同じ。）を受けるためのものをいう。）の携帯者に対する呼出しを行う無線通信業務をいう。

(7)　無線標定業務：無線航行業務以外の無線測位業務をいう。

(8)　非常通信業務：地震、台風、洪水、津波、雪害、火災、暴動その他非常の事態が発生し又は発生するおそれがある場合において、人命の救助、災害の救援、交通通信の確保又は秩序の維持のために行う無線通信業務をいう。

(9)　構内無線業務：一の構内において行われる無線通信業務をいう。

(10)　特別業務：上記各号に規定する業務及び電気通信業務（不特定多数の者に同時に送信するものを除く。）のいずれにも該当しない無線通信業務であって、一定の公共の利益のために行われるものをいう。

(11)　携帯移動衛星業務：携帯移動地球局と携帯基地地球局との間又は携帯移動地球局相互間の衛星通信の業務をいう。

3　電波法施行規則第4条関係（抜粋）

(1)　固定局：固定業務を行う無線局をいう。

(2)　基幹放送局：基幹放送（法第5条4項の基幹放送をいう。）を行う無線局（当該基幹放送に加えて基幹放送以外の無線通信の送信をするものを含む。）であって、基幹放送を行う実用化試験局以外のものをいう。

(3)　基地局：陸上移動局（陸上移動受信設備（無線呼出業務の携帯受信設備を除く。）を含む。）との通信（陸上移動中継局の中継によるものを含む。）を行うため陸上（河川、湖沼その他これらに準ずる水域を含む。）に開設する移動しない無線局（陸上移動中継局を除く。）をいう。

(4)　携帯基地局：携帯局と通信を行うため陸上に開設する移動しない無線局をいう。

(5)　無線呼出局：無線呼出業務を行う陸上に開設する無線局をいう。

(6)　陸上移動中継局：基地局と陸上移動局との間及び陸上移動局相互間の通信を中継するため陸上（河川、湖沼その他これらに準ずる水域を含む。）に開設する移動しない無線局をいう。

⑺　陸上局：海岸局、航空局、基地局、携帯基地局、無線呼出局、陸上移動中継局その他移動中の運用を目的としない移動業務を行う無線局をいう。

⑻　陸上移動局：陸上（河川、湖沼その他これらに準ずる水域を含む。）を移動中又はその特定しない地点に停止中運用する無線局（船上通信局を除く。）をいう。

⑼　携帯局：陸上（河川、湖沼その他これらに準ずる水域を含む。）、海上若しくは上空の１若しくは２以上にわたり携帯して移動中又はその特定しない地点に停止中運用する無線局（船上通信局及び陸上移動局を除く。）をいう。

⑽　移動局：船舶局、遭難自動通報局、船上通信局、航空機局、陸上移動局、携帯局その他移動中又は特定しない地点に停止中運用する無線局をいう。

⑾　無線標定陸上局：無線標定業務を行う移動しない無線局をいう。

⑿　無線標定移動局：無線標定業務を行う移動する無線局をいう。

⒀　地球局：宇宙局と通信を行い、又は受動衛星その他の宇宙にある物体を利用して通信（宇宙局とのものを除く。）を行うため、地表又は地球の大気圏の主要部分に開設する無線局をいう。

⒁　携帯基地地球局：人工衛星局の中継により携帯移動地球局と通信を行うため陸上に開設する無線局をいう。

⒂　携帯移動地球局：自動車その他陸上を移動するものに開設し、又は陸上、海上若しくは上空の１若しくは２以上にわたり携帯して使用するために開設する無線局であって、人工衛星局の中継により無線通信を行うもの（船舶地球局及び航空機地球局を除く。）をいう。

⒃　人工衛星局：電波法第６条第１項第４号イに規定する人工衛星局をいう。

⒄　衛星基幹放送局：衛星基幹放送（放送法第２条第13号の衛星基幹放送をいう。）を行う基幹放送局（衛星基幹放送試験局を除く。）をいう。

⒅　非常局：非常通信業務のみを行うことを目的として開設する無線局をいう。

⒆　実験試験局：科学若しくは技術の発達のための実験、電波の利用の効率性に関する試験又は電波の利用の需要に関する調査を行うために開設する無線局であって、実用に供しないもの（放送をするものを除く。）をいう。

⒇　実用化試験局：当該無線通信業務を実用に移す目的で試験的に開設する無線局をいう。

(21)　構内無線局：構内無線業務を行う無線局をいう。

(22)　特別業務の局：特別業務を行う無線局をいう。

４　電気通信事業法第２条関係

⑴　電気通信：有線、無線その他の電磁的方式により、符号、音響又は影像を送り、伝え、又は受けることをいう。

⑵　電気通信設備：電気通信を行うための機械、器具、線路その他の電気的設備をいう。

⑶　電気通信役務：電気通信設備を用いて他人の通信を媒介し、その他電気通信設備を他人の通信の用に供することをいう。

⑷　電気通信事業：電気通信役務を他人の需要に応ずるために提供する事業をいう。（ただし、受託放送役務、有線ラジオ放送、有線放送電話役務、有線テレビジョン放送等を除く。）

⑸　電気通信事業者：電気通信事業を営むことについて、電気通信事業法第９条（電気通信事業の登録）の登録を受けた者及び第16条第１項（電気通信事業の届出）の規定による届出をした者をいう。

⑹　電気通信業務：電気通信事業者の行う電気通信役務の提供の業務をいう。

資料２　書類の提出先及び総合通信局の所在地、管轄区域

１　書類の提出先

無線局の免許関係の申請書及び届出の書類、無線従事者の国家試験及び免許関係の申請書及び届出の書類等は、次の表の左欄の区別及び中欄の所在地等の区分により右欄の提出先に提出する。この場合において総務大臣に提出するもの（◎印のもの）は、所轄総合通信局長を経由して提出する。

なお、所轄総合通信局長は、中欄の所在地等を管轄する総合通信局長である（施行51条の15・２項、52条１項（抜粋））。

区　別	所在地等	提出先	
		所轄総合通信局長	総務大臣
１　宇宙局並びに包括免許に係る特定無線局であって、その通信の相手方が人工衛星局であるもの及び包括免許に係る特定無線局と通信の相手方を同じくする外国の無線局	申請者又は免許人の住所		◎
２　ＶＳＡＴ地球局	当該ＶＳＡＴ地球局の送信の制御を行うＶＳＡＴ制御地球局の無線設備の設置場所	○	
３　包括免許に係る特定無線局（１に掲げる特定無線局を除く。）	当該無線局の送信の制御を行う主たる無線局の無線設備の設置場所	○	
４　法第27条の32第１項の規定による登録に係る無線局	申請者又は登録人の住所	○	
５　移動する無線局（３の項及び４の項に掲げる無線局を除く。）	その無線局の常置場所（常置場所を船舶又は航空機とする無線局にあっては、当該船舶の主たる停泊港又は当該航空機の定置場の所在地）	○	
６　移動しない無線局（包括免許に係る特定無線局（法第27条の２第２号に掲げるものに限る。）及び法第27条の32第１項の規定による登録に係る無	その送信所（通信所又は演奏所があるときは、その通信所又は演奏所）の所在地		

線局を除く。) (1)　固定局、地上一般放送局（エリア放送を行うものに限る。)、陸上局、無線測位局、VSAT地球局、非常局、アマチュア局、簡易無線局、構内無線局、気象援助局、標準周波数局及び特別業務の局 (2)　(1)に掲げる無線局(アマチュア局を除く。)の行う無線通信業務に係る実用化試験局 (3)　(1)及び(2)以外の無線局		(1)及び(2)の場合 ○	(3)の場合 ◎
7　登録検査等事業者に関する事項	登録検査等事業の登録を受けようとする者若しくは登録点検事業者の住所又はこれらの者が検査若しくは点検の事業を行う事業所の所在地	○	
8　無線従事者の免許に関する事項 (1)　特殊無線技士並びに第三級及び第四級アマチュア無線技士の資格の場合 (2)　(1)以外の資格の場合	合格した国家試験(その免許に係るものに限る。)の受験地、修了した法第41条第2項第2号の養成課程の主たる実施の場所(その場所が外国の場合にあっては、当該養成課程を実施した者の主たる事務所の所在地)、同条第2項第3号の無線通信に関する科目を修めて卒業した同号の学校の所在地又は修了した従事者規則第33条に規定する認定講習課程の主たる実施の場所。ただし、申請者の住所とすることを妨げない。	(1)の場合 ○	(2)の場合 ◎
9　無線従事者国家試験に関する事項 (1)　特殊無線技士並びに第三級及び第四級アマチュア無線技士の資格の場合 (2)　(1)以外の資格の場合	その無線従事者国家試験の施行地	(1)の場合 ○（注）	(2)の場合 ◎（注）

（注１） 指定試験機関がその試験事務を行う国家試験を受けようとする者は、当該指定試験機関が定めるところにより、当該指定試験機関に提出しなければならない（従事者10条２項）。

（注２） 指定講習機関が行う主任講習を受けようとする者は、当該指定講習機関が定めるところにより、当該指定講習機関に提出しなければならない（従事者73条２項）。

２　総合通信局等の所在地、管轄区域（総務省組織令138条）

名　　称	郵便番号	所　在　地	管　轄　区　域
北海道総合通信局	060-8795	札幌市北区北８条西２－１－１	北海道
東北総合通信局	980-8795	仙台市青葉区本町３－２－23	青森、岩手、宮城、秋田、山形、福島
関東総合通信局	100-8795	東京都千代田区九段南１－２－１	茨城、栃木、群馬、埼玉、千葉、東京、神奈川、山梨
信越総合通信局	380-8795	長野市旭町1108	新潟、長野
北陸総合通信局	920-8795	金沢市広坂２－２－60	富山、石川、福井
東海総合通信局	461-8795	名古屋市東区白壁1-15-1	岐阜、静岡、愛知、三重
近畿総合通信局	540-8795	大阪市中央区大手前1-5-44	滋賀、京都、大阪、兵庫、奈良、和歌山
中国総合通信局	730-8795	広島市中区東白島町19-36	鳥取、島根、岡山、広島、山口
四国総合通信局	790-8795	松山市味酒町 2-14-4	徳島、香川、愛媛、高知
九州総合通信局	860-8795	熊本市西区春日2-10-1	福岡、佐賀、長崎、熊本、大分、宮崎、鹿児島
沖縄総合通信事務所	900-8795	那覇市旭町１－９	沖縄

資料3　無線局の免許申請書及び再免許申請書の様式（免許3条2項、16条2項、別表1号）（総務大臣又は総合通信局長がこの様式に代わるものとして認めた場合は、それによることができる。）

無線局免許(再免許)申請書

年　　月　　日

総務大臣　殿(注1)

収入印紙貼付欄 (注2)

□電波法第6条の規定により、無線局の免許を受けたいので、無線局免許手続規則第4条に規定する書類を添えて下記のとおり申請します。

□無線局免許手続規則第16条第1項の規定により、無線局の再免許を受けたいので、第16条の2の規定により、別紙の書類を添えて下記のとおり申請します。

□無線局免許手続規則第16条第1項の規定により、無線局の再免許を受けたいので、第16条の3の規定により、添付書類の提出を省略して下記のとおり申請します。

(注3)

記(注4)

1　申請者(注5)

住　所	都道府県―市区町村コード　〔　　　　　　　　　　〕
	〒(　　―　　)
氏名又は名称及び代表者氏名	フリガナ
法人番号	

2　電波法第5条に規定する欠格事由(注6)

開設しようとする無線局	無線局の種類(法第5条第2項各号)	□　該当 □　該当しない
外国性の有無	国籍等(同条第1項第1号から第3号まで)	□　有　□　無
	代表者及び役員の割合(同項第4号)	□　有　□　無
	議決権の割合(同号)	□　有　□　無
相対的欠格事由	処分歴等(同条第3項)	□　有　□　無
一部の基幹放送をする無線局の欠格事由	国籍等(同条第4項第1号)	□　有　□　無
	処分歴等(同号)	□　有　□　無
	特定役員(同項第2号)	□　有　□　無
	議決権の割合(同項第2号及び第3号)	□　有　□　無
	役員の処分歴等(同項第4号)	□　有　□　無

3　免許又は再免許に関する事項(注7)

①　無線局の種別及び局数	
②　識別信号	
③　免許の番号	
④　免許の年月日	
⑤　希望する免許の有効期間	
⑥　備考	

4　電波利用料(注8)

①　電波利用料の前納(注9)

電波利用料の前納の申出の有無	□有　　　　□無
電波利用料の前納に係る期間	□無線局の免許の有効期間まで前納します(電波法第13条第2項に規定する無線局を除く。)。 □その他(　　　年)

②　電波利用料納入告知書送付先(法人の場合に限る。)(注10)

□1の欄と同一のため記載を省略します。

住　所	都道府県—市区町村コード　〔　　　　　　　　　　〕
	〒(　　—　　)
部署名	フリガナ

5　申請の内容に関する連絡先

所属、氏名	フリガナ
電話番号	
電子メールアドレス	

(申請書の用紙は、日本産業規格A列4番である。)

注　(省略)

資料4　基地局、携帯基地局、陸上移動中継局、固定局等の無線局事項書の様式（免許4条、12条、別表2号第2）（総務大臣又は総合通信局長がこの様式に代わるものとして認めた場合は、それによることができる。）

1枚目

無線局事項書	
1　免許の番号	（　　局分）
2　申請（届出）の区分	□開設　□変更　□再免許
3　無線局の種別コード	
4　開設、継続開設又は変更を必要とする理由	
5　法人団体個人の別	□法人　□団体　□個人
6　住　所	都道府県－市区町村コード　〔　　〕 〒（　　－　　） 電話番号（　　）　　－
7　氏名又は名称及び代表者氏名	フリガナ
8　希望する運用許容時間	
9　工事落成の予定期日	□日付指定：＿＿.＿＿.＿＿ □予備免許の日から＿＿月目の日 □予備免許の日から＿＿日目の日
10　運用開始の予定期日	□免許の日 □日付指定：＿＿.＿＿.＿＿ □予備免許の日から＿＿月以内の日 □免許の日から＿＿月以内の日
11　無線局の目的コード	 □従たる目的
12　通信事項コード	
13　通信の相手方	
14　識別信号	
15　電波の型式並びに希望する周波数の範囲及び空中線電力	

長辺

短　辺　（日本産業規格A列4番）

2枚目、3枚目、注（省略）

資料5　基地局、携帯基地局、陸上移動中継局、実験試験局等の工事設計書の様式（免許4条、12条、別表2号の2第2）（総務大臣又は総合通信局長がこの様式に代わるものとして認めた場合は、それによることができる。）

1枚目

長辺

工事設計書		
1　無線局の区別		（　　局分）
2　装置の区別	番号	第　　装置
	予備送信装置	□
3　通信方式コード		
4　通信路数		
5　ＡＴＩＳ番号又は船舶等識別番号		
6 送信機	発射可能な電波の型式及び周波数の範囲	
	定格出力（W）	
	低下させる方法コード	
	低下後の出力（W）	
	変調方式コード	
	製造者名	
	型式又は名称	
	検定番号	
	適合表示無線設備の番号	
	製造番号	
7 受信機	区別	□送信機と同じ
	製造者名	
	検定番号又は名称	
	製造番号	
	通過帯域幅	
	雑音指数（dB）	
8　予備電源		□有　□無
9　設置場所番号		

短　辺　　（日本産業規格A列4番）

2枚目、3枚目、注　（省略）

資料6　工事落成、設置場所変更又は変更工事完了に係る届出書の様式

（免許13条2項、25条5項、別表3号の2）（総務大臣又は総合通信局長がこの様式に代わるものとして認めた場合は、それによることができる。）

工事落成等届出書

年　　月　　日

総務大臣　殿（注1）

収入印紙貼付欄 （注2）

□電波法第10条の規定により、工事が落成したので、下記のとおり届け出ます。

□無線局免許手続規則第25条第4項の規定により、無線設備の設置場所を変更したので、下記のとおり届け出ます。

□無線局免許手続規則第25条第4項の規定により、無線設備の変更の工事が完了したので、下記のとおり届け出ます。

（注3）

記

1　届出者（注4）

住　所	都道府県－市区町村コード〔　　　　〕
	〒（　　－　　）
氏名又は名称及び代表者氏名	フリガナ
法人番号	

2　工事落成、設置場所変更又は変更工事完了に係る事項（注5）

①　無線局の種別及び局数	
②　識別信号	
③　免許の番号	
④　予備免許の年月日及び予備免許通知書の番号又は変更の許可の年月日及び変更許可通知書の番号	
⑤　工事落成の年月日、設置場所変更の年月日又は変更工事完了の年月日	
⑥　検査を希望する日	

3　届出の内容に関する連絡先

所属、氏名	フリガナ
電話番号	
電子メールアドレス	

（届出書の用紙は、日本産業規格Ａ列４番である。）

注　（省略）

資料7　無線局の変更等申請書及び変更届出書の様式（免許12条2項、25条1項、別表4号）（総務大臣又は総合通信局長がこの様式に代わるものとして認めた場合は、それによることができる。）

無線局変更等申請書及び届出書

年　　月　　日

総務大臣　殿（注1）

□電波法第9条第1項又は第4項の規定により、無線局の工事設計等の変更の許可を受けたいので、無線局免許手続規則第12条第1項に規定する書類を添えて下記のとおり申請します。

□電波法第9条第2項の規定により、無線局の工事設計を変更したので、無線局免許手続規則第12条第1項に規定する書類を添えて下記のとおり届け出ます。

□電波法第9条第5項第1号の規定により、基幹放送局以外の無線局(同法第5条第2項各号に掲げる無線局を除く。)について、同法第6条第1項第10号に掲げる事項に変更があつたので、無線局免許手続規則第12条第1項に規定する書類を添えて下記のとおり届け出ます。

□電波法第9条第5項第2号の規定により、基幹放送局について、同法第6条第2項第3号、第4号(事業収支見積りに係る部分に限る。)、第6号、第8号又は第9号に掲げる事項に変更があつたので、無線局免許手続規則第12条第1項に規定する書類を添えて下記のとおり届け出ます。

□電波法第17条第1項の規定により、無線局の変更等の許可を受けたいので、無線局免許手続規則第25条第1項において準用する第12条第1項に規定する書類を添えて下記のとおり申請します。

□電波法第17条第2項第1号の規定により、基幹放送局以外の無線局(同法第5条第2項各号に掲げる無線局を除く。)について、同法第6条第1項第10号に掲げる事項に変更があつたので、無線局免許手続規則第25条第1項において準用する第12条第1項に規定する書類を添えて下記のとおり届け出ます。

□電波法第17条第2項第2号の規定により、基幹放送局について、同法第6条第2項第3号、第4号(事業収支見積りに係る部分に限る。)、第6号、第8号又は第9号に掲げる事項に変更があつたので、無線局免許手続規則第25条第1項において準用する第12条第1項に規定する書類を添えて下記のとおり届け出ます。

□電波法第17条第3項の規定により、許可を要しない無線設備の軽微な変更工事をしたので、無線局免許手続規則第25条第1項において準用する第12条第1項に規定する書類を添えて下記のとおり届け出ます。

□電波法第19条の規定により、無線局の周波数等の指定の変更を受けたいので、無線局免許手続規則第25条第1項において準用する第12条第1項に規定する書類を添えて下記のとおり申請します。

(注2)

記

1　申請（届出）者（注3）

住　所	都道府県－市区町村コード〔　　　〕
	〒（　　－　　）
氏名又は名称及び代表者氏名	フリガナ
法人番号	

2　変更の対象となる無線局に関する事項（注4）

①　無線局の種別及び局数	
②　識別信号	
③　免許の番号	
④　備考	

3　申請（届出）の内容に関する連絡先

所属、氏名	フリガナ
電話番号	
電子メールアドレス	

（申請（届出）書の用紙は、日本産業規格A列4番である。）

注（省略）

資料８　基幹放送局及びアマチュア局以外の無線局に交付する無線局免許状の様式（免許21条１項、別表６号の２）

（固定局の例）

無　線　局　免　許　状

免許人の氏名又は名称	○○市			
免許人の住所	○○県○○市○○町○丁目○ ― ○			
無線局の種別	固定局	免許の番号	○第098765号	
免許の年月日	○○.○○.○○	免許の有効期間	○○.○○.○○まで	
無線局の目的	公共業務用		運用許容時間	
			常　時	
通信事項	防災行政事務に関する事項 水防道路に関する事項（国土交通省との間の通信に限る。）			
通信の相手方	免許人所属の「防災○○」固定局 免許人所属の「防災○○」固定局			
識別信号	ぼうさい○○○○			
無線設備の設置場所又は移動範囲				
○○県○○市○○町○丁目○ ― ○　○○市役所内				
電波の型式、周波数及び空中線電力				
11M5D7W　12.00　GHz　防災○○向け　0.19W 17M0G7W　38.00　GHz　防災○○向け　0.005W				
備　考				

法律に別段の定めがある場合を除くほか、この無線局の無線設備を使用し、特定の相手方に対して行われる無線通信を傍受してその存在若しくは内容を漏らし、又はこれを窃用してはならない。

年　月　日

○○総合通信局長　印

長辺

短　辺　（日本産業規格Ａ列４番）

資料9　無線局の免許状の訂正申請書の様式（免許22条2項、別表6号の5）（総務大臣又は総合通信局長がこの様式に代わるものとして認めた場合は、それによることができる。）

無線局免許状訂正申請書

年　月　日

総務大臣　殿（注1）

電波法第21条の規定により、無線局の免許状の訂正を受けたいので、下記のとおり申請します。

記

1　申請者（注2）

住　所	都道府県－市区町村コード〔　　　〕 〒（　－　）
氏名又は名称及び代表者氏名	フリガナ
法人番号	

2　免許状の訂正に関する事項（注3）

①　無線局の種別及び局数	
②　識別信号	
③　免許の番号又は包括免許の番号	
④　訂正を受ける箇所及び訂正を受ける理由	

3　申請の内容に関する連絡先

所属、氏名	フリガナ
電話番号	
電子メールアドレス	

（申請書の用紙は、日本産業規格A列4番である。）

注（省略）

資料10　無線局の免許状及び登録局の登録状の再交付申請書の様式（免許23条２項、25条の22の２・２項、別表６号の８）（総務大臣又は総合通信局長がこの様式に代わるものとして認めた場合は、それによることができる。）

免許状（登録状）再交付申請書

年　　月　　日

総務大臣　殿（注１）

収入印紙貼付欄 （注２）

□無線局免許手続規則第23条第１項の規定により、無線局の免許状の再交付を受けたいので、下記のとおり申請します。
□無線局免許手続規則第25条の22の２第１項の規定により、登録局の登録状の再交付を受けたいので、下記のとおり申請します。
（注３）

記（注４）

１　申請者（注５）

住　所	都道府県－市区町村コード〔　　　〕 〒（　　－　　）
氏名又は名称及び代表者氏名	フリガナ
法人番号	

２　再交付に関する事項（注６）

①　無線局の種別及び局数	
②　識別信号	
③　免許の番号、包括免許の番号又は登録の番号	
④　再交付を求める理由	

３　申請の内容に関する連絡先

所属、氏名	フリガナ
電話番号	
電子メールアドレス	

（申請書の用紙は、日本産業規格Ａ列４番である。）

注（省略）

資料11　無線局の廃止届出書の様式（免許24条の3・2項、別表7号）（総務大臣又は総合通信局長がこの様式に代わるものとして認めた場合は、それによることができる。）

無線局廃止届出書

年　　月　　日

総務大臣　殿（注1）

電波法第22条又は電波法第27条の10第1項の規定により、無線局又は包括免許に係る全ての特定無線局を廃止するので、下記のとおり届け出ます。

記

1　届出者（注2）

住　所	都道府県－市区町村コード〔　　　　　　　〕 〒（　　－　　）
氏名又は名称及び代表者氏名	フリガナ
法人番号	

2　無線局の廃止に係る事項（注3）

①　無線局の種別及び局数	
②　識別信号	
③　免許の番号又は包括免許の番号	
④　廃止する年月日	
⑤　備考	

3　届出の内容に関する連絡先

所属、氏名	フリガナ
電話番号	
電子メールアドレス	

（届出書の用紙は、日本産業規格A列4番である。）

注（省略）

資料12　周波数の許容偏差（設備5条、別表1号抜粋）

周波数の許容偏差の表

周波数帯	無　線　局	許容偏差（Hz又はkHzを除き、百万分率）
1　9 kHzを超え526.5kHz以下	1　固定局	
	(1)　9 kHzを超え50kHz以下のもの	100
	(2)　50kHzを超え526.5kHz以下のもの	50
	2　陸上局	100
	3　移動局	
	(1)　船舶局	
	ア　生存艇及び救命浮機の送信設備	500
	イ　その他の送信設備	200
	(2)　航空機局	100
	4　無線測位局	100
	5　標準周波数局	0.005
	6　アマチュア局	100
2　526.5kHzを超え1,606.5kHz以下	地上基幹放送局	10Hz
3　1,606.5kHzを超え4,000kHz以下	1　固定局（注10、11）	
	(1)　200W以下のもの	100
	(2)　200Wを超えるもの	50
	2　陸上局	
	(1)　航空局（注12）	10Hz
	(2)　その他の陸上局（注10、13）	
	ア　200W以下のもの	100
	イ　200Wを超えるもの	50
	3　移動局	
	(1)　生存艇及び救命浮機の送信設備	100
	(2)　航空機局（注12）	20Hz
	(3)　その他の移動局（注10、13）	50
	4　無線測位局	
	(1)　ラジオ・ブイの無線局	100
	(2)　その他の無線測位局（注14）	
	ア　200W以下のもの	20
	イ　200Wを超えるもの	10
	5　地上基幹放送局（注15）	10Hz
	6　標準周波数局	0.005
	7　アマチュア局	500
4　4MHzを超え29.7MHz以下	1　固定局（注11、16）	
	(1)　500W以下のもの	20
	(2)　500Wを超えるもの	10
	2　陸上局	
	(1)　海岸局（注13、17）	20Hz
	(2)　航空局（注12）	10Hz

	⑶ その他の陸上局	20
	3 移動局	
	⑴ 船舶局	
	ア 生存艇及び救命浮機の送信設備	50
	イ その他の送信設備(注13、17)	50Hz
	⑵ 航空機局(注12)	20Hz
	⑶ その他の移動局	40
	4 無線測位局	50
	5 地上基幹放送局(注15)	10Hz
	6 標準周波数局	0.005
	7 アマチュア局	500
	8 簡易無線局及び市民ラジオの無線局	50
	9 地球局及び宇宙局	20
5 29.7MHzを超え100MHz以下	1 固定局、陸上局及び移動局(注18、19、20、31)	
	⑴ 54MHzを超え70MHz以下のもの	
	ア 1W以下のもの	20
	イ 1Wを超えるもの	10
	⑵ その他の周波数のもの	20
	2 無線測位局	50
	3 地上基幹放送局	20
	⑴ 移動受信用地上基幹放送を行う地上基幹放送局(注21、51)	1Hz
	⑵ その他の地上基幹放送局	20
	4 標準周波数局	0.005
	5 アマチュア局	500
	6 地球局及び宇宙局	20
	7 特定小電力無線局	20
6 100MHzを超え470MHz以下	1 固定局(注18、20、31、44)	
	⑴ 335.4MHzを超え470MHz以下のもの(注23)	
	ア 1W以下のもの	4
	イ 1Wを超えるもの	3
	⑵ その他の周波数のもの	
	ア 1W以下のもの	15
	イ 1Wを超えるもの	10
	2 陸上局(注18、20、24)	
	⑴ 海岸局	
	ア 335.4MHzを超え470MHz以下のもの	
	㋐ 1W以下のもの	4
	㋑ 1Wを超えるもの	3
	イ その他の周波数のもの(注46)	10
	⑵ 航空局(注45、54)	20
	⑶ 無線呼出局(電気通信業務を行うことを目的として開設するものに限る。)	
	ア 273MHzを超え328.6MHz以下のもの	
	㋐ 変調信号の送信速度が毎秒500ビットを超えるもの	7

	㈠　その他のもの	3
	イ　その他の周波数のもの	3
	⑷　その他の陸上局（注44）	
	ア　100MHzを超え142MHz以下のもの及び162.0375MHzを超え235MHz以下のもの（注28、52）	15
	イ　142MHzを超え162.0375MHz以下のもの	
	㈦　1W以下のもの	15
	㈠　1Wを超えるもの	10
	ウ　235MHzを超え335.4MHz以下のもの	7
	エ　335.4MHzを超え470MHz以下のもの（注23）	
	㈦　1W以下のもの	4
	㈠　1Wを超えるもの	3
	3　移動局（注18、20、24）	
	⑴　船舶局	
	ア　156MHzを超え174MHz以下のもの（注46）	10
	イ　335.4MHzを超え470MHz以下のもの（注25）	
	㈦　1W以下のもの	4
	㈠　1Wを超えるもの	3
	ウ　その他の周波数のもの	
	㈦　生存艇及び救命浮機の送信設備	50
	㈠　その他の送信設備	
	A　1W以下のもの	50
	B　1Wを超えるもの	20
	⑵　航空機局（注27、45）	30
	⑶　その他の移動局（注44）	
	ア　100MHzを超え142MHz以下のもの及び162.0375MHzを超え235MHz以下のもの（注28、52、57）	15
	イ　142MHzを超え162.0375MHz以下のもの	
	㈦　1W以下のもの	15
	㈠　1Wを超えるもの	10
	ウ　235MHzを超え335.4MHz以下のもの	7
	エ　335.4MHzを超え470MHz以下のもの（注23、25、28、31）	
	㈦　1W以下のもの	4
	㈠　1Wを超えるもの	3
	4　無線測位局	
	⑴　VORの送信設備	20
	⑵　GBASの送信設備	2
	⑶　その他の無線測位局（注29、30）	50
	5　地上基幹放送局（注21、51）	
	⑴　超短波放送のうちデジタル放送又は移	1Hz

	動受信用地上基幹放送を行う地上基幹放送局	
	(2) その他の地上基幹放送局	500Hz
	6 標準周波数局	0.005
	7 アマチュア局	500
	8 簡易無線局（注50）	20
	9 コードレス電話の無線局及び小電力セキュリテイシステムの無線局（注34、41）	4
	10 特定小電力無線局（注34、36）	
	(1) チャネル間隔が6.25kHzのもの	
	ア 142.93MHzを超え142.99MHz以下のもの及び146.93MHzを超え146.99MHz以下のもの	2.5
	イ その他の周波数のもの	2
	11 地球局及び宇宙局	20
7 470MHzを超え2, 450 MHz以下	1 固定局（注20、31、35）	
	(1) 810MHzを超え960MHz以下のもの	1.5
	(2) その他の周波数のもの	
	ア 100W以下のもの	100
	イ 100Wを超えるもの	50
	2 陸上局及び移動局（３から８までに掲げるものを除く。）(注20、31、34、35、37、38)	
	(1) 810MHzを超え960MHz以下のもの	1.5
	(2) その他の周波数のもの	20
	3 簡易無線局	3
	4 特定小電力無線局（注34、36）	
	(1) チャネル間隔が12.5kHzのもの	2
	(2) その他のもの	4
	5 時分割多元接続方式狭帯域デジタルコードレス電話の無線局	3
	6 時分割多元接続方式広帯域デジタルコードレス電話の無線局	10
	7 時分割・直交周波数分割多元接続方式デジタルコードレス電話の無線局	0.25
	8 小電力データ通信システムの無線局	50
	9 無線測位局	
	(1) 地上ＤＭＥ及び地上タカンの送信設備	20
	(2) 機上ＤＭＥ及び機上タカンの送信設備	100kHz
	(3) ＳＳＲの送信設備	
	ア モードＳ機能を有するもの	10kHz
	イ その他	200kHz
	(4) ＡＴＣトランスポンダの送信設備	
	ア モードＳ機能を有するもの	1,000kHz
	イ その他	3,000kHz
	(5) 質問信号送信設備	10kHz
	(6) 基準信号送信設備及びノントランスポンダ	1,000kHz
	(7) その他の無線測位局（注29）	500
	10 地上基幹放送局（注21、49）	1 Hz

	11　地上一般放送局（注53） 12　アマチュア局 13　地球局及び宇宙局（注32、33、40）	1 Hz 500 20
8　2,450MHzを超え10,500MHz以下	1　固定局（注31） (1)　100W以下のもの (2)　100Wを超えるもの 2　陸上局及び移動局（注20、31、34、35、36、47、57） 3　無線測位局 (1)　ＭＬＳ角度系 (2)　気象観測を行う無線標定陸上局（設備規則49条の４の２の２に規定するものに限る。） (3)　その他の無線測位局（注29） 4　アマチュア局 5　地球局及び宇宙局 6　小電力データ通信システムの無線局及び5.2GHz帯高出力データ通信システムの無線局 (1)　5,150MHzを超え5,350MHz以下、5,470MHzを超え5,730MHz以下又は5,925MHzを超え6,425MHz以下の周波数の電波を使用するもの (2)　その他の周波数を使用するもの 7　道路交通情報通信を行う無線局	 200 50 100 10kHz 20 1,250 500 50 20 50 1.5
9　10.5GHzを超え134GHz以下	1　無線測位局 (1)　車両感知用無線標定陸上局 (2)　その他の無線測位局（注29） 2　アマチュア局 3　簡易無線局 4　地球局及び宇宙局（注40） 5　特定小電力無線局（注34） 6　小電力データ通信システムの無線局（注34） (1)　57GHzを超え66GHz以下のもの ア　10mW以下のもの イ　10mWを超えるもの (2)　その他の周波数のもの 7　その他の無線局（注21、31、34、42、48、55）	 800 5,000 500 200 100 500 500 20 20 300

（表に係る注記は、次のものを除き掲載を省略した。）

注

1　表中Hzは、電波の周波数の単位で、ヘルツを、W及びｋWは、空中線電力の大きさの単位で、ワット及びキロワットを表す。

2　表中の空中線電力は、すべて平均電力（ｐＹ）とする。

注３から57（省略）

資料13　占有周波数帯幅の許容値（設備６条、別表２号抜粋）

第１　占有周波数帯幅の許容値の表

電波の型式	占有周波数帯幅の許容値	備　考
A3E	5.6 kHz	周波数間隔が8.33kHzの周波数の電波を使用する航空局及び航空機局の無線設備
	8 kHz	放送番組の伝送を内容とする国際電気通信業務の通信を行う無線局の無線設備
	15kHz	地上基幹放送局及び放送中継を行う無線局の無線設備
	6 kHz	その他の無線局の無線設備（航空機用救命無線機を除く。）
D8E	15kHz	地上基幹放送局及び放送中継を行う無線局の無線設備
F3E	8.5 kHz	1　335.4MHzを超え470MHz以下の周波数の電波を使用する無線局（放送中継を行うものを除く。）の無線設備（450MHzを超え467.58MHz以下の周波数の電波を使用する船上通信設備を除く。） 2　810MHzを超え960 MHz以下の周波数の電波を使用する無線局の無線設備
	16 kHz	1　54MHzを超え70MHz以下の周波数の電波を使用する無線局（放送中継を行うものを除く。）の無線設備 2　142MHzを超え162.0375MHz以下の周波数の電波を使用する無線局の無線設備 3　450MHzを超え467.58 MHz以下の周波数の電波を使用する船上通信設備 4　903MHzを超え905MHz以下の周波数の電波を使用する簡易無線局の無線設備 5　1,215MHzを超え2,690MHz以下の周波数の電波を使用する無線局の無線設備
	26 kHz	25.21MHzを超え27.5MHz以下の周波数の電波を使用する無線局の無線設備
	100kHz	162.0375MHzを超え585MHz以下の周波数の電波を使用して放送中継を行う移動業務の無線局の無線設備
	200kHz	地上基幹放送局及び54MHzを超え585MHz以下の周波数の電波を使用して放送中継を行う固定局の無線設備
	40 kHz	200MHz以下の周波数の電波を使用する無線局の

		無線設備で前各項のいずれにも該当しないもの
F7D F8D	6 MHz	1,673MHz、1,680MHz又は1,687MHzの周波数の電波を使用する気象援助局の無線設備
F8E	200kHz	地上基幹放送局及び54MHzを超え585MHz以下の周波数の電波を使用して放送中継を行う固定局の無線設備
F9D	6 MHz	1,673MHz、1,680MHz又は1,687MHzの周波数の電波を使用する気象援助局の無線設備
F9W	200kHz	地上基幹放送局の無線設備
H3E	4.5kHz	地上基幹放送局の無線設備
	3 kHz	前項に該当しない無線局の無線設備
J3E	7.5kHz	放送中継を行う固定局の無線設備
	3 kHz	前項に該当しない無線局の無線設備
K2D P0N	6 MHz	1,673MHz、1,680MHz又は1,687MHzの周波数の電波を使用する気象援助局の無線設備
R3E	3 kHz	

第２から第79　（省略）

資料14　スプリアス発射等の強度の許容値（設備７条、別表３号抜粋）

１　（省略）

２　スプリアス発射の強度の許容値又は不要発射の強度の許容値は、次のとおりとする。

(1)　帯域外領域におけるスプリアス発射の強度の許容値及びスプリアス領域における不要発射の強度の許容値

<table>
<tr><th>基本周波数帯</th><th>空中線電力</th><th>帯域外領域におけるスプリアス発射の強度の許容値</th><th>スプリアス領域における不要発射の強度の許容値</th></tr>
<tr><td rowspan="4">30MHz以下</td><td>50Wを超えるもの</td><td rowspan="3">50mＷ（船舶局及び船舶において使用する携帯局の送信設備にあっては、200mＷ)以下であり、かつ、基本周波数の平均電力より40dB低い値。ただし、単側波帯を使用する固定局及び陸上局（海岸局を除く。）の送信設備にあっては、50dB低い値</td><td>基本周波数の搬送波電力より60dB低い値</td></tr>
<tr><td>５Wを超え50W以下</td><td>50μＷ以下</td></tr>
<tr><td>１Wを超え５W以下</td><td>50μＷ以下。ただし、単側波帯を使用する固定局及び陸上局（海岸局を除く。）の送信設備にあっては、基本周波数の尖頭電力より50dB低い値</td></tr>
<tr><td>１W以下</td><td>１mW以下</td><td>50μＷ以下</td></tr>
<tr><td rowspan="3">30MHzを超え54MHz以下</td><td>50Wを超えるもの</td><td rowspan="2">１mＷ以下であり、かつ、基本周波数の平均電力より60dB低い値</td><td>50μＷ以下又は基本周波数の搬送波電力より70dB低い値</td></tr>
<tr><td>１Wを超え50W以下</td><td>基本周波数の搬送波電力より60dB低い値</td></tr>
<tr><td>１W以下</td><td>100μＷ以下</td><td>50μＷ以下</td></tr>
<tr><td rowspan="3">54MHzを超え70MHz以下</td><td>50Wを超えるもの</td><td rowspan="2">１mＷ以下であり、かつ、基本周波数の平均電力より80dB低い値</td><td>50μＷ以下又は基本周波数の搬送波電力より70dB低い値</td></tr>
<tr><td>１Wを超え50W以下</td><td>基本周波数の搬送波電力より60dB低い値</td></tr>
<tr><td>１W以下</td><td>100μＷ以下</td><td>50μＷ以下</td></tr>
<tr><td rowspan="3">70MHzを超え142MHz以下及び144MHzを超え146MHz以下</td><td>50Wを超えるもの</td><td rowspan="2">１mＷ以下であり、かつ、基本周波数の平均電力より60dB低い値</td><td>50μＷ以下又は基本周波数の搬送波電力より70dB低い値</td></tr>
<tr><td>１Wを超え50W以下</td><td>基本周波数の搬送波電力より60dB低い値</td></tr>
<tr><td>１W以下</td><td>100μＷ以下</td><td>50μＷ以下</td></tr>
<tr><td>142MHzを超え144MHz以下及び146MHzを超</td><td>50Wを超えるもの</td><td>１mＷ以下であり、かつ、基本周波数の平均電力より80dB低い値</td><td>50μＷ以下又は基本周波数の搬送波電力より70dB低い値</td></tr>
</table>

<table>
<tr><td rowspan="2">え162.0375MHz以下</td><td>1Wを超え50W以下</td><td></td><td>基本周波数の搬送波電力より60dB低い値</td></tr>
<tr><td>1W以下</td><td>100μW以下</td><td>50μW以下</td></tr>
<tr><td rowspan="3">162.0375MHzを超え335.4MHz以下</td><td>50Wを超えるもの</td><td rowspan="2">1mW以下であり、かつ、基本周波数の平均電力より60dB低い値</td><td>50μW以下又は基本周波数の搬送波電力より70dB低い値</td></tr>
<tr><td>1Wを超え50W以下</td><td>基本周波数の搬送波電力より60dB低い値</td></tr>
<tr><td>1W以下</td><td>100μW以下</td><td>50μW以下</td></tr>
<tr><td rowspan="3">335.4MHzを超え470MHz以下</td><td>25Wを超えるもの</td><td>1mW以下であり、かつ、基本周波数の平均電力より70dB低い値</td><td>基本周波数の搬送波電力より70dB低い値</td></tr>
<tr><td>1Wを超え25W以下</td><td>2.5μW以下</td><td>2.5μW以下</td></tr>
<tr><td>1W以下</td><td>25μW以下</td><td>25μW以下</td></tr>
<tr><td rowspan="4">470MHzを超え960MHz以下</td><td>50Wを超えるもの</td><td rowspan="2">20mW以下であり、かつ、基本周波数の平均電力より60dB低い値</td><td>50μW以下又は基本周波数の搬送波電力より70dB低い値</td></tr>
<tr><td>25Wを超え50W以下</td><td>基本周波数の搬送波電力より60dB低い値</td></tr>
<tr><td>1Wを超え25W以下</td><td>25μW以下</td><td>25μW以下</td></tr>
<tr><td>1W以下</td><td>100μW以下</td><td>50μW以下</td></tr>
<tr><td rowspan="2">960MHzを超えるもの</td><td>10Wを超えるもの</td><td>100mW以下であり、かつ、基本周波数の平均電力より50dB低い値</td><td>50μW以下又は基本周波数の搬送波電力より70dB低い値</td></tr>
<tr><td>10W以下</td><td>100μW以下</td><td>50μW以下</td></tr>
</table>

注　空中線電力は、平均電力の値とする。

(2)　参照帯域幅は、次のとおりとする。

スプリアス領域の周波数帯	参照帯域幅
9kHzを超え150kHz以下	1kHz
150kHzを超え30MHz以下	10kHz
30MHzを超え1GHz以下	100kHz
1GHzを超えるもの	1MHz

3から70　(省略)

資料15　電波の型式の表示（施行４条の２）

電波の型式は、主搬送波の変調の型式、主搬送波を変調する信号の性質、伝送情報の型式をそれぞれ下表の記号をもって、かつ、その順序に従って表記する。

例、位相変調で副搬送波を使用しないデジタル信号の単一チャネルの電話の電波の型式は、「Ｇ１Ｅ」と表記する。

主搬送波の変調の型式

分類			記号
無変調			N
振幅変調	両側波帯		A
	単側波帯・全搬送波		H
	〃 ・低減搬送波		R
	〃 ・抑圧搬送波		J
	独立側波帯		B
	残留側波帯		C
角度変調	周波数変調		F
	位相変調		G
振幅変調及び角度変調であって同時に又は一定の順序で変調するもの			D
パルス変調	無変調パルス列		P
	変調パルス列	振幅変調	K
		幅変調又は時間変調	L
		位置変調又は位相変調	M
		パルス期間中に搬送波を角度変調	Q
		上記の変調の組合せ又は他の方法による変調	V
上記に該当しないもので、振幅変調、角度変調又はパルス変調のうち２以上を組み合わせて、同時に、又は一定の順序で変調するもの			W
その他			X

主搬送波を変調する信号の性質

分類	記号
変調信号なし	0
デジタル信号の単一チャネルで変調のための副搬送波を使用しないもの	1
デジタル信号の単一チャネルで変調のための副搬送波を使用するもの	2
アナログ信号の単一チャネル	3
デジタル信号の２以上のチャネル	7
アナログ信号の２以上のチャネル	8
デジタル信号の１又は２以上のチャネルとアナログ信号の１又は２以上のチャネルを複合	9
その他	X

伝送情報の型式

分類	記号
無情報	N
電信（聴覚受信）	A
電信（自動受信）	B
ファクシミリ	C
データ伝送・遠隔測定・遠隔指令	D
電話（音響の放送を含む。）	E
テレビジョン（映像に限る。）	F
以上の型式の組合せ	W
その他	X

資料16　無線従事者選解任届の様式（施行34条の４、別表３号）（総務大臣又は総合通信局長がこの様式に代わるものとして認めた場合は、それによることができる。）

主任無線従事者
無　線　従　事　者　選(解)任届

年　　月　　日

総　務　大　臣　殿

住　　所

氏名又は名称

法人番号

次のとおり　主任無線従事者／無線従事者　を選(解)任したので、電波法　第39条第4項／第51条において準用する同法第39条第4項／第70条の9第3項において準用する同法第39条第4項／第70条の9第3項において準用する同法第51条において準用する同法第39条第4項　の規定により届けます。

従事する無線局の免許等の番号、識別信号及び無線設備の設置場所	

1　選任又は解任の別			
2　同　上　年　月　日			
3　主任無線従事者又は無線従事者の別			
4　主任無線従事者が監督を行う無線設備の範囲			
5　主任無線従事者が無線局の監督以外の業務を行うときはその業務の概要			
6　(ふ　り　が　な) 氏　　名			
7　住　　所			
8　資　　格			
9　免許証の番号			
10　無線従事者免許の年月日			
11　船舶局無線従事者証明書の番号			
12　船舶局無線従事者証明の年月日			
13　無線設備の操作又は監督に関する業務経歴の概要			

長辺

短　　辺　　（日本産業規格A列4番）

注　（省略）

資料17　無線従事者の免許（免許証再交付）申請書の様式

（従事者46条、50条、別表11号）

50　20　40　60　12

無線従事者 ※□免許 □免許証再交付 申請書

年　月　日

総務大臣(　　　)殿

収入印紙ちょう付欄

（この欄にはりきれないときは、他を裏面下部にはってください。
また、申請者は消印しないでください）

（収入印紙を必要額を超えてはっている場合は、申請書の余白に「過納承諾　氏名」のように記入してください）

（はりきれないときは裏面下部へ）

申請資格		
氏名	フリガナ(姓)	(名)
	漢字　(姓)	(名)

無線通信士、第一級海上特殊無線技士、アマチュア無線技士にあっては、ヘボン式ローマ字による氏名が免許証に併記されます。
非ヘボン式ローマ字による氏名表記を希望する場合に限り、□にレ印を記入し、下側に活字体大文字で記入してください。　非ヘボン式を希望します。 ※ → □

LAST NAME(姓)　(活字体大文字で記入)　FIRST NAME(名)

生年月日	年　月　日
住所	〒 電話　(　) 日中の連絡先　(　) メールアドレス

写真ちょう付欄
1　申請者本人が写っているもの
2　正面、無帽、無背景、上三分身で6ヶ月以内に撮影されたもの
3　縦30mm×横24mm
4　写真は免許証に転写されるので枠からはみ出さないようにはってください

所持人自署
無線通信士、第一級海上特殊無線技士の場合は必ず署名してください。

（この署名は免許証にそのまま転写されますから、枠にかかったり、はみ出ないようにしてください。）

□※無線従事者規則第46条の規定により、免許を受けたいので(別紙書類を添えて)申請します。　□※同時にアマチュア局に係る申請書を提出します。

国家試験合格	受験番号				(　年　月　日合格)
養成課程修了	認定施設者の名称 修了証明書の番号		実施場所(市区町村名)		(　年　月　日修了)
資格、業務経歴等	現に有する資格		修了した認定講習		※ □はい 該当する場合はその内容 □いいえ
	資格		講習の種別		
	免許証の番号		修了番号		
	免許の年月日		修了年月日		
学校卒業	学校卒業で資格を取得しようとする場合は□にレ印を記入してください。　※ → □				
欠格事由の有無	無線従事者規則第45条第1項各号のいずれかに該当しますか。(いずれかの□にレ印を必ず記入してください。)				

下の欄に住民票コード又は現に有する無線従事者免許証、電気通信主任技術者資格者証若しくは工事担任者資格者証の番号のいずれか1つを記入した場合は、氏名及び生年月日を証する書類の提出を省略することができます。

(左詰めで記入)

※
記入した番号の種類(いずれかの□にレ印を記入してください。)
□　住民票コード
□　無線従事者免許証の番号
□　電気通信主任技術者資格者証の番号
□　工事担任者資格者証の番号

□※無線従事者規則第50条の規定により、免許証の再交付を受けたいので(別紙書類を添えて)申請します。　□※同時にアマチュア局に係る申請書を提出します。

再交付申請の理由	※ □汚損、破損したため □失ったため □氏名を変更したため	氏名を変更した場合は右の欄に変更前の氏名を記入してください。	変更前の氏名	フリガナ 漢字

注意
1　太枠内の所定の欄に黒インク又は黒ボールペンで記入してください。ただし、※のある欄では□枠内にレ印を記入してください。
2　この用紙は機械で読み取りますので、写真や所持人自署欄に折り目をつけたり、署名が枠にかかったり、はみ出ないようにしてください。
3　申請の際に必要な書類等は次のとおりです。

免許申請	国家試験合格	氏名及び生年月日を証する書類
	養成課程修了	修了証明書等、氏名及び生年月日を証する書類
	資格、業務経歴等	業務経歴証明書、修了証明書(認定講習を受講した場合に限る。)、氏名及び生年月日を証する書類
	学校卒業	科目履修証明書、履修内容証明書(科目確認を受けていない学校を卒業(専門職大学の前期課程にあっては、修了)した場合に限る。)、卒業証明書(専門職大学の前期課程を修了した者にあっては、修了証明書)、氏名及び生年月日を証する書類
再交付申請	氏名変更	免許証、氏名の変更の事実を証する書類
	汚損、破損	汚損、又は破損した免許証

免許証の郵送を希望するときは所要の郵便切手をはり、申請者の郵便番号、住所及び氏名を記載した返信用封筒を添えて、信書便の場合はそれに準じた方法により申請してください。

(数字の単位は、ミリメートル)　(用紙は日本産業規格A列4番・白色)

注　総務大臣又は総合通信局長がこの様式に代わるものとして認めた場合は、それによることができる。

資料18　特殊無線技士（第一級海上特殊無線技士を除く。）の無線従事者免許証の様式（従事者47条、別表13号）

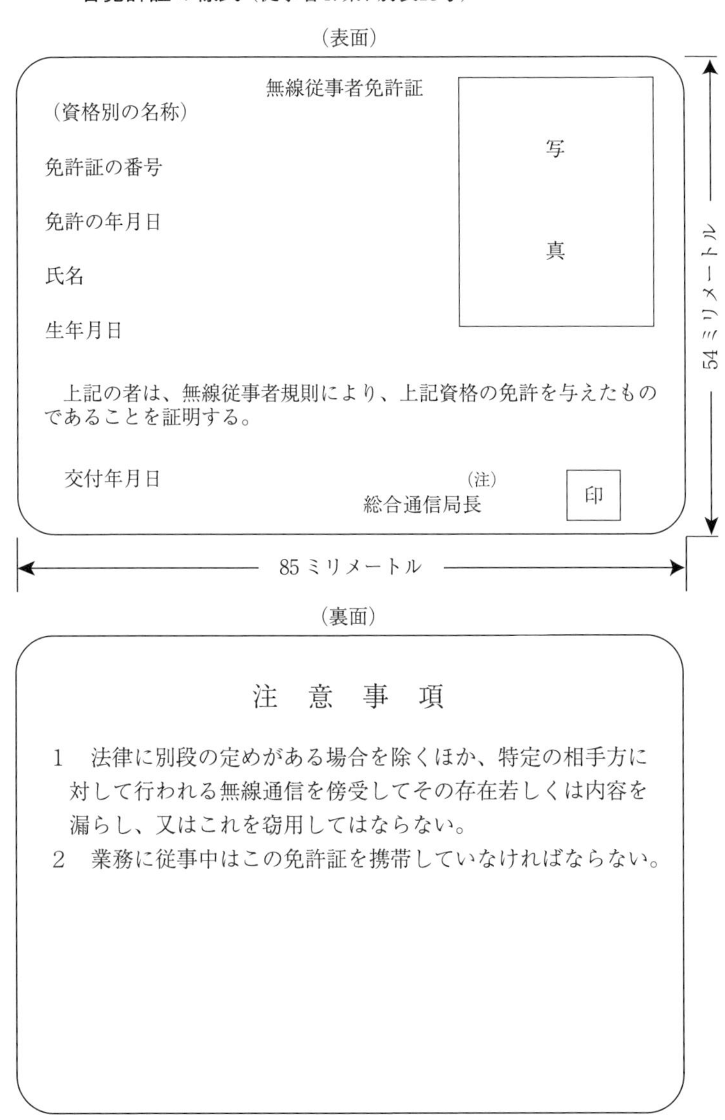

注　沖縄県の区域においては、沖縄総合通信事務所長とする。

資料19　無線電信（電話）通信の略符号（運用13条、別表2号）

1　一般用Q符号（抜粋）（国内）

Q符号	問い	答え又は通知
QRA	貴局名は、何ですか。	当局名は、…です。
QRG	こちら（又は…）の正確な周波数を示してくれませんか。	そちら（又は…）の正確な周波数は…kHz（又はMHz）です。
QRH	こちらの周波数は、変化しますか。	そちらの周波数は、変化します。
QRI	こちらの発射の音調は、どうですか。	そちらの発射の音調は、 1　良いです。 2　変化します。 3　悪いです。
QRK	こちらの信号（又は…（名称又は呼出符号）の信号）の明りよう度は、どうですか。	そちらの信号（又は…（名称又は呼出符号）の信号）の明りよう度は、 1　悪いです。 2　かなり悪いです。 3　かなり良いです。 4　良いです。 5　非常に良いです。
QRL	そちらは、通信中ですか。	こちらは、通信中です（又はこちらは、…（名称又は呼出符号）と通信中です。）。妨害しないでください。
QRM	こちらの伝送は、混信を受けていますか。	そちらの伝送は、 1　混信を受けていません。

Q符号	問い	答え又は通知
		2 少し混信を受けています。 3 かなりの混信を受けています。 4 強い混信を受けています。 5 非常に強い混信を受けています。
QRN	そちらは、空電に妨げられていますか。	こちらは、 1 空電に妨げられていません。 2 少し空電に妨げられています。 3 かなり空電に妨げられています。 4 強い空電に妨げられています。 5 非常に強い空電に妨げられています。
QRO	こちらは、送信機の電力を増加しましょうか。	送信機の電力を増加してください。
QRP	こちらは、送信機の電力を減少しましょうか。	送信機の電力を減少してください。
QRQ	こちらは、もつと速く送信しましょうか。	もつと速く送信してください。（1分間に…語)。
QRR	そちらは、自動機使用の用意ができましたか。	こちらは、自動機使用の用意ができました。1分間に…語の速度で送信してください。
QRS	こちらは、もつとおそく送信しましょうか。	もつとおそく送信してください（1分間に…語)。
QRT	こちらは、送信を中止しましょうか。	送信を中止してください。
QRU	そちらは、こちらへ伝送するものがありますか。	こちらは、そちらへ伝送するものはありません。
QRX	そちらは、何時に再びこちらを呼びますか。	こちらは、…時に（…kHz（又はMHz）で）再びそちらを呼びます。
QRY	こちらの順位は、何番ですか（通信連絡に関して)。	そちらの順位は、…番です（又は他の指示による。)（通信連絡に関して)。

Q符号	問い	答え又は通知
QRZ	誰がこちらを呼んでいますか。	そちらは、…から(…kHz（又はMHz）で）呼ばれています。
QSA	こちらの信号（又は…（名称又は呼出符号）の信号）の強さは、どうですか。	そちらの信号(又は…(名称又は呼出符号)の信号)の強さは、 1　ほとんど感じません。 2　弱いです。 3　かなり強いです。 4　強いです。 5　非常に強いです。
QSB	こちらの信号には、フェージングがありますか。	そちらの信号には、フェージングがあります。
QSD	こちらの信号は、切れますか。	そちらの信号は、切れます。
QSG	こちらは、電報を一度に…通送信しましょうか。	電報は、一度に…通送信してください。
QSL	そちらは、受信証を送ることができますか。	こちらは、受信証を送ります。
QSS	そちらは、どの通信周波数を使用しますか。	こちらは、…kHz（又はMHz）の通信周波数を使用します。
QSU	こちらは、この周波数（又は…kHz(若しくはMHz)）で（種別…の発射で）送信又は応答しましょうか。	その周波数（又は…kHz(若しくはMHz)）で（種別…の発射で）送信又は応答してください。
QSV	こちらは、調整のために、この周波数（又は…kHz（若しくはMHz)）でV（又は符号）の連続を送信しましょうか。	調整のために、その周波数（又は…kHz(若しくはMHz)）でV（又は符号）の連続を送信してください。
QSW	そちらは、この周波数（又は…kHz(若しくはMHz)）で（種別…の発射で）送信してくれませんか。	こちらは、この周波数（又は…kHz(若しくはMHz)）で（種別…の発射で）送信しましょう。
QSX	そちらは、…(名称又は呼出符号)を…kHz(又はMHz)で又は…の周波数帯若しくは…の通信路で聴取してくれませんか。	こちらは、…（名称又は呼出符号）を…kHz（又はMHz）で又は…の周波数帯若しくは…の通信路で聴取しています。
QSY	こちらは、他の周波数に変更して伝送しましょうか。	他の周波数（又は…kHz（若しくはMHz)）に変更して伝送してください。

Q符号	問い	答え又は通知
QTC	そちらには、送信する電報が何通ありますか。	こちらには、そちら（又は…（名称又は呼出符号））への電報が…通あります。
QTE	そちらからのこちらの真方位は、何度ですか。 又は …（名称又は呼出符号）からのこちらの真方位は、何度ですか。 又は …（名称又は呼出符号）の…（名称又は呼出符号）からの真方位は、何度ですか。	こちらからのそちらの真方位は、…度でした。…時現在で。 又は …（名称又は呼出符号）からのそちらの真方位は、…度でした。…時現在で。 又は …（名称又は呼出符号）の…（名称又は呼出符号）からの真方位は、…度でした。…時現在で。
QTR	正確な時刻は、何時ですか。	正確な時刻は、…時です。
QTS	そちらは、そちらの呼出符号（又は名称）を…秒間送信してくれませんか。	こちらの呼出符号（又は名称）を…秒間送信しましょう。

2　国内通信にのみ使用する略符号（国内）

略符号	意義
コウ	電気通信業務の通信（施行規則第 37 条第８号の通信を含む。）を表示する前置符号
カエ	電気通信業務の通信（施行規則第 37 条第８号の通信を含む。）とその他の通信との切替符号
キ	貴局
ト	当局
ツ	通過番号
ガク	額表
チヤク	着信局名
ルイ	種類
ヤ	字（語）数
ハツ	発信局名
タナ	発信番号
トキ	受付時刻
ウヘ	名あて
ウケナ	受信人名
$\overline{\text{ホホ}}$	指定
$\overline{\text{ウウ}}$	記事
$\overline{\text{ホレ}}$	本文
オウブン	欧文通報
ワブン	和文通報
$\overline{\text{ラタ}}$	和文通報の終了又は訂正
ダツ	貴局通過番号…は、脱号です。
センソウ	通過番号の順位にかかわらず特に先送する通報
メ	…字（語）目を送信してください。
ヨワ	…と訂正してください。
イヤ	どこから送信しましょうか。
サラ	初めから更に送信してください。
ス	…以下少し送信してください。
ケシ	取り消してください。
カシラ	欧文通報の語数照合のため、名あて以下各語の頭文字を送信してください。

略符号	意　　義	略符号	意　　義
ラスト	本文の終りの方を少し送信してください。	ＥＸＺ	欧文の非常通報の前置符号
コヌ	当局着信又は中継信ではありません。	ＭＤＣ	医療符号
カミ	当局は受信用紙がありませんからこのまましばらく待つてください。	ＨＲ	通報を送信します（最初の通報を送信しようとするときに使用する。）。
ヌケル	短点が脱落気味です。	ＡＨＲ	通報を引き続いて送信します（２通以上の通報を連続して送信する場合において、１通の通報の終了時に引き続いて次の通報を送信しようとするときに使用する。）。
キエル	字号が消え気味です。		
ネバル	字号が密着気味です。		
ＥＸ	機器の調整又は実験のため調整符号を発射するときに使用する。	ＫＥＥＰ	機上に保留してください。
$\overline{\text{OSO}}$	非常符号		

（注）文字の上に線を付してある略符号は、その全部を１符号として送信するモールス符号とする。

3　無線電話通信の略語（運用14条、別表4号）

無線電話通信に用いる略語	意義又は左欄の略語に相当する無線電信通信の略符号
遭難、MAYDAY又はメーデー	$\overline{\text{SOS}}$
緊急、PAN　PAN又はパン　パン	XXX
警報、SECURITE又はセキュリテ	TTT
衛生輸送体、MEDICAL又はメディカル	YYY
非常	$\overline{\text{OSO}}$
各局	CQ又はCP
医療	MDC
こちらは	DE
どうぞ	K
了解又はOK	R又はRRR
お待ち下さい	$\overline{\text{AS}}$
反復	RPT
ただいま試験中	EX
本日は晴天なり	VVV
訂正又はCORRECTION	$\overline{\text{HH}}$
終り	$\overline{\text{AR}}$
さようなら	$\overline{\text{VA}}$
誰かこちらを呼びましたか	QRZ？
明りよう度	QRK
感度	QSA
そちらは・・・（周波数、周波数帯又は通信路）に変えてください	QSU
こちらは・・・（周波数、周波数帯又は通信路）に変更します	QSW
こちらは・・・（周波数、周波数帯又は通信路）を聴取します	QSX
通報が・・・（通数）通あります	QTC
通報はありません	QRU
INTERCO※	次に国際通信書による符号の集合が続きます。
通信停止遭難、SEELONCE　MAYDAY又はシーロンス　メーデー	QRT　$\overline{\text{SOS}}$
通信停止遭難、SEELONCE　DISTRESS又はシーロンス　ディストレス	QRT　DISTRESS
遭難通信終了、SEELONCE　FEENEE又はシーロンス　フィニィ	QUM
沈黙一部解除※、PRU-DONCE※又はプルドンス※	QUZ

（注）※印を付した略語は、航空移動業務等において使用してはならない。

資料20　無線局検査結果通知書の様式（施行39条、別表４号）

第１　電波法第10条第１項、第18条第１項又は第73条第１項本文、同項ただし書、第５項若しくは第６項の規定による検査（同法第10条第２項、第18条第２項又は第73条第４項の規定によりその一部が省略されたものを除く。）の結果通知書の様式

第　　　号
年　月　日

無　線　局　検　査　結　果　通　知　書

（免許人又は予備免許を受けた者）殿

（何）総合通信局長 印

長辺

識別信号		検査職員の所属	
免許等の番号			
検査年月日	年　月　日	検査職員の官職氏名	
検査地			
検査の判定	合格又は不合格	不合格の理由	
指示事項			

注　指示事項欄に記載がある場合は、電波法施行規則第39条第３項の規定により、当該指示に対応してとった措置の内容を速やかに報告してください。

短辺　　（日本産業規格Ａ列４番）

注　（省略）

第２　電波法第10条第２項、第18条第２項又は第73条第４項により検査の一部を省略した場合の検査結果通知書の様式

第　　　号
年　　月　　日

無　線　局　検　査　結　果　通　知　書

（免許人又は予備免許を受けた者）殿

（何）総合通信局長 印

長辺

識　別　信　号		検　査　年　月　日	
免許等の番号		無線局の種別	
検　査　の　判　定	合格又は不合格	不合格の理由	
指　示　事　項			

注　指示事項欄に記載がある場合は、電波法施行規則第39条第３項の規定により、当該指示に対応してとった措置の内容を速やかに報告してください。

短　辺　　（日本産業規格Ａ列４番）

注（省略）

資料21　無線局検査省略通知書の様式（施行39条２項、別表４号の２）

第　　号
年　月　日

無 線 局 検 査 省 略 通 知 書

（免許人）殿

（何）総合通信局長　印

貴所属の下記無線局については、電波法第73条第３項の規定に基づき、同条第１項の規定に基づく検査を省略することとしたので通知します。

記

1　識別信号
2　免許の番号
3　検査年月日
4　無線局の種別

長辺

短　辺　　（日本産業規格Ａ列４番）

注（省略）

資料22　無線設備等の検査実施報告書の様式

（施行41条の5、別表5号の2）

無　線　設　備　等　の　検　査　実　施　報　告　書

年　　月　　日

（何）総合通信局長　殿

免許人
氏名又は名称
法人番号

長

私所属の無線局の無線設備等の検査を行つたので電波法第73条第3項の規定により検査結果証明書を添えて提出します。

検査年月日		無線局の種別	
免許の番号		識　別　信　号	

辺

点検年月日	
点検を行つた場所	
登録検査等事業者名	
備　　　考	

短　　　　辺　　　　（日本産業規格A列4番）

注　（省略）

資料23　無線設備等の点検実施報告書の様式（施行41条の６、別表５号の３）

無 線 設 備 等 の 点 検 実 施 報 告 書

年　　月　　日

（何）総合通信局長　殿（注１）

免許人（予備免許を受けたものを含む。）
氏名又は名称
法人番号

長

第10条第２項
電波法　第18条第２項　の規定により、私所属の無線局について無線設備等の点検を行った
第73条第４項
ので、点検結果通知書を添えて提出します。

辺

点検年月日		無線局の種別	
免許の番号		識　別　信　号	

点検を行った場所	
登録検査等事業者名	
備　　　　考	

短　　　　　　辺　　　　　　（日本産業規格Ａ列４番）

注　（省略）

資料24　検査結果証明書の様式（登録検査18条、別表６号）

検査を依頼した者宛てに証明する検査結果証明書（総合通信局長が、この様式に代わるものとして認めた場合は、それによることができる。）

年　月　日

検査結果証明書

検査を依頼した無線局の免許人　宛て

登録検査等事業者の
氏名又は名称（注１）

登録の番号

長辺

登録検査等事業者等規則第２条第２項に規定する業務実施方法書に基づき貴所属無線局の無線設備等の検査を行い、当該検査の結果が、下表のとおりであったことを証明します。

<table>
<tr><td>検査年月日（注２）</td><td></td><td>判定員の氏名及び該当区分（注３）</td><td></td></tr>
<tr><td>点検年月日</td><td></td><td>点検員の氏名及び該当区分（注３）</td><td></td></tr>
<tr><td>無線局の種別</td><td></td><td>免許番号</td><td></td></tr>
<tr><td>識別信号</td><td></td><td>点検場所</td><td></td></tr>
<tr><td rowspan="3">検査結果</td><td>無線従事者の資格及び員数（注４）</td><td colspan="2">□　電波法第39条、第40条及び第50条の規定に違反していない。
□　電波法第39条、第40条及び第50条の規定のいずれかに違反している。</td></tr>
<tr><td>時計及び書類（注５）</td><td colspan="2">□　電波法第60条の規定に違反していない。
□　電波法第60条の規定に違反している。</td></tr>
<tr><td>無線局の無線設備（注６）</td><td colspan="2">□　工事設計に合致している。
□　工事設計に合致していない。</td></tr>
<tr><td>備考</td><td colspan="3"></td></tr>
</table>

短辺　（日本産業規格A列４番）

注　（省略）

資料25　人の生命又は身体の安全の確保のためその適正な運用の確保が必要な無線局（定期検査の省略が行われない無線局）(登録検査15条要約)

分　類	対象となる無線局
1　国等の機関が免許人で、国民の安心・安全を確保することを直接の目的とする無線局として、電波利用料の納付を要しないもの又は電波利用料が２分の１に減額されるもの	警察、消防、出入国在留管理、刑事収容施設等管理、航空管制、気象警報、海上保安、防衛、水防、災害対策、防災行政等の目的のために免許（承認）された無線局
2　放送局	地上基幹放送局及び衛星基幹放送局
3　地球局	一般放送及び衛星基幹放送の業務の用に供する地球局
4　人工衛星局	一般放送の業務の用に供する人工衛星局
5　船舶に開設する無線局	船舶局（旅客船の船舶局に限る。）及び船舶地球局（旅客船及び１の分類に属する無線局を開設する船舶の船舶地球局に限る。）
6　航空機に開設する無線局	航空機局及び航空機地球局
7　総務大臣が告示する無線局（平成23年告示第277号）	・公共業務用の無線局（通信事項が航空保安事務に関する事項、無線標識に関する事項、航空無線航行に関する事項、航空交通管制に関する事項又は航空機の安全及び運行管理に関する事項の無線局の場合に限る。） ・放送事業用の無線局（固定局に係るものに限る。） ・一般業務用の無線局（通信事項が飛行場における航空機の飛行援助に関する事項の無線局の場合に限る。）

資料26　定期検査の実施時期（施行41条の４、別表５号抜粋）

無　　線　　局	期　間
1　固定局	5年
2　地上基幹放送局 (1)　演奏所を有するもの又は放送対象地域ごとの放送系のうち最も中心的な機能を果たすもの（コミュニティ放送を行うもの及びコミュニティ放送の電波に重畳して多重放送を行うものを除く。） (2)　(1)に該当しないもの	 1年 5年
5　基地局	5年
6　携帯基地局	5年
7　無線呼出局	5年
8　陸上移動中継局	5年
9　陸上局（海岸局、航空局、基地局、携帯基地局、無線呼出局及び陸上移動中継局を除く。）	5年
13　移動局（船舶局、遭難自動通報局、船上通信局、航空機局、陸上移動局及び携帯局を除く。）	5年
14　無線測位局（無線航行陸上局、無線航行移動局、無線標定陸上局、無線標定移動局及び無線標識局を除く。）	5年
15　無線航行陸上局	1年
16　無線航行移動局 (1)　船舶安全法第２条の規定に基づく命令により遭難自動通報設備の備付けを要する船舶に開設するもの (2)　(1)に該当しないもの	 2年 5年
17　無線標定陸上局	5年
18　無線標識局 (1)　航空無線航行業務を行うために開設する無線局 (2)　(1)に該当しないもの	 1年 2年
19　地球局（海岸地球局、航空地球局、携帯基地地球局、船舶地球局、航空機地球局及び携帯移動地球局を除く。） (1)　人工衛星の位置の維持及び姿勢の保持その他その機能の維持を行うことを目的として開設するもの (2)　衛星基幹放送局、衛星基幹放送試験局又は基幹放送を行う実用化試験局であって人工衛星に開設するものを通信の相手方とするもの（移動するものを除く。） (3)　(1)及び(2)に該当しないもの	 1年 1年 5年

22　携帯基地地球局	5年
25　宇宙局（人工衛星局を除く。）	1年
26　人工衛星局（衛星基幹放送局及び衛星基幹放送試験局を除く。）	1年
27　衛星基幹放送局	1年
28　衛星基幹放送試験局	1年
29　非常局	5年
30　実用化試験局（基幹放送を行うものであって人工衛星に開設するものに限る。）	1年
31　標準周波数局	1年
32　特別業務の局 (1)　航空機又は船舶のための気象通報及び航行警報等の業務を行うことを目的として開設するもの (2)　(1)に該当しないもの	 1年 5年

資料27　定期検査を行わない無線局（法73条１項、施行41条の２の６）

1　固定局であって、次に掲げるもの

(1)　単一通信路のもの

(2)　多重通信路のもののうち、無線設備規則第49条の22の2、第57条の2の2、第57条の3の2又は第58条の2の12においてその無線設備の条件が定められているもの

2　地上基幹放送局であって、次に掲げるもの

(1)　受信障害対策中継放送（超短波放送（デジタル放送を除く。）に係るものに限る。）を行うものであって、空中線電力が0.25ワット以下のもの

(2)　470MHzを超え710MHz以下の周波数の電波を使用するテレビジョン放送を行うものであって、空中線電力が0.05ワット以下のもの

3　地上基幹放送試験局

3の2　地上一般放送局（エリア放送を行うものに限る。）

4　基地局（空中線電力が１ワット以下のものに限る。）

5　携帯基地局（空中線電力が１ワット以下のものに限る。）

6　無線呼出局（電気通信業務を行うことを目的として開設するものであって、空中線電力が１ワットを超えるものを除く。）

7　陸上移動中継局（空中線電力が１ワット以下のものに限る。）

8　船舶局であって、次に掲げるいずれかの無線設備のみを設置するもの

(1)　Ｆ２Ｂ電波又はＦ３Ｅ電波156MHzから157.45MHzまでの周波数を使用する空中線電力５ワット以下の携帯して使用するための無線設備

(2)　簡易型船舶自動識別装置（(1)に掲げる無線設備と併せて設置する場合を含む。）

(3)　(1)又は(2)に掲げる無線設備及び13のレーダー

9　遭難自動通報局であって、携帯用位置指示無線標識のみを設置するもの

10　船上通信局

11　陸上移動局

12　携帯局

13　無線航行移動局（総務大臣が別に告示するレーダーのみのものに限る。）

14　無線標定陸上局（426.0MHz、10.525GHz、13.4125 GHz、24.2 GHz 又は 35.98 GHz の周波数の電波を使用するものに限る。）

15　無線標定移動局

16　地球局（VSAT 地球局に限る。）

17　船舶地球局（簡易型船舶自動識別装置のみを設置するものに限る。）

18　航空機地球局（航空機の安全運航又は正常運航に関する通信を行わないものに限る。）

19　携帯移動地球局

20　実験試験局

21　実用化試験局（基幹放送を行うものであって人工衛星に開設するものを除く。）

22　アマチュア局

23　簡易無線局

24　構内無線局（空中線電力が１ワットを超えるものを除く。）

25　気象援助局

26　特別業務の局（無線設備規則第 49 条の 22 に規定する道路交通情報通信を行う無線局及びアマチュア局に対する広報を送信する無線局に限る。）

資料28　電波利用料（令和４年６月改正、令和４年10月１日施行）

電波利用料に係る無線局の区分と金額

（法103条の２・１項、別表６抜粋）

<table>
<tr><th colspan="6">無線局の区分</th><th>金額(円)</th></tr>
<tr><td rowspan="16">1　移動する無線局(3から5までの項及び8の項に掲げる無線局を除く。2の項において同じ。)</td><td rowspan="2">470MHz以下の周波数の電波を使用するもの</td><td colspan="4">航空機局又は船舶局</td><td>400</td></tr>
<tr><td colspan="4">その他のもの</td><td>400</td></tr>
<tr><td rowspan="11">470MHzを超え3,600MHz以下の周波数の電波を使用するもの</td><td colspan="4">航空機局若しくは船舶局又はこれらの無線局が使用する電波の周波数と同一の周波数の電波のみを使用するもの</td><td>400</td></tr>
<tr><td rowspan="10">その他のもの</td><td colspan="3">使用する電波の周波数の幅が6MHz以下のもの</td><td>400</td></tr>
<tr><td rowspan="3">使用する電波の周波数の幅が6MHzを超え15MHz以下のもの</td><td rowspan="3">空中線電力</td><td>0.05W以下のもの</td><td>700</td></tr>
<tr><td>0.05Wを超え0.5W以下のもの</td><td>22,800</td></tr>
<tr><td>0.5Wを超えるもの</td><td>2,153,700</td></tr>
<tr><td rowspan="3">使用する電波の周波数の幅が15MHzを超え30MHz以下のもの</td><td rowspan="3">空中線電力</td><td>0.05W以下のもの</td><td>1,400</td></tr>
<tr><td>0.05Wを超え0.5W以下のもの</td><td>22,800</td></tr>
<tr><td>0.5Wを超えるもの</td><td>6,598,400</td></tr>
<tr><td rowspan="3">使用する電波の周波数の幅が30MHzを超えるもの</td><td rowspan="3">空中線電力</td><td>0.05W以下のもの</td><td>3,100</td></tr>
<tr><td>0.05Wを超え0.5W以下のもの</td><td>22,800</td></tr>
<tr><td>0.5Wを超えるもの</td><td>8,606,500</td></tr>
<tr><td rowspan="2">3,600MHzを超え6,000MHz以下の周波数の電波を使用するもの</td><td colspan="4">使用する電波の周波数の幅が100MHz以下のもの</td><td>400</td></tr>
<tr><td colspan="4">使用する電波の周波数の幅が100MHzを超えるもの</td><td>102,300</td></tr>
<tr><td colspan="5">6,000MHzを超える周波数の電波を使用するもの</td><td>400</td></tr>
</table>

2　移動しない無線局であって移動する無線局又は携帯して使用するための受信設備と通信を行うために陸上に開設するもの（6の項及び8の項に掲げる無線局を除く。）	470MHz以下の周波数の電波を使用するもの	空中線電力が0.01W以下のもの			3,100
		空中線電力が0.01Wを超えるもの			6,400
	470MHzを超え3,600MHz以下の周波数の電波を使用するもの	使用する電波の周波数の幅が6MHzを超えるものであって、電波を発射しようとする場合において当該電波と周波数を同じくする電波を受信することにより一定の時間当該周波数の電波を発射しないことを確保する機能を有するもの	設置場所	第一地域内	97,600
				第二地域内	53,200
				第三地域内	17,600
				第四地域内	9,000
	その他のもの			空中線電力が0.01W以下のもの	3,100
				空中線電力が0.01Wを超えるもの	22,800
	3,600MHzを超え6,000MHz以下の周波数の電波を使用するもの			空中線電力が0.01W以下のもの	3,100
				空中線電力が0.01Wを超えるもの	6,400
	6,000MHzを超える周波数の電波を使用するもの				3,100
4　人工衛星局の中継により無線通信を行う無線局（5の項及び8の項に掲げる無線局を除く。）	6,000MHz以下の周波数の電波を使用するもの	使用する電波の周波数の幅が3MHz以下のもの	設置場所	第一地域内	4,633,600
				第二地域内	2,319,800
				第三地域内	468,300
				第四地域内	159,900
		使用する電波の周波数の幅が3MHzを超え50MHz以下のもの	設置場所	第一地域内	31,673,200
				第二地域内	15,839,600
				第三地域内	3,172,400
				第四域地内	550,800
		使用する電波の周波数の幅が50MHzを超え100MHz以下のもの	設置場所	第一地域内	432,387,300
				第二地域内	216,196,500
				第三地域内	43,243,900
				第四地域内	9,140,500

		使用する電波の周波数の幅100MHzを超えるもの		設置場所	第一地域内	870,249,900
					第二地域内	435,127,600
					第三地域内	87,030,300
					第四地域内	18,278,600
	6,000MHzを超える周波数の電波を使用するもの					159,900
5　自動車、船舶その他の移動するものに開設し、又は携帯して使用するために開設する無線局であって、人工衛星局の中継により無線通信を行うもの（8の項に掲げる無線局を除く。）						2,700
8　実験等無線局及びアマチュア無線局						300
9　その他の無線局	470MHz以下の周波数の電波を使用するもの	電波法第103条の2第15項第2号に掲げる無線局（注）であって、54MHzを超え70MHz以下の周波数の電波を使用するもの （注）　地方公共団体が開設する無線局であって、災害対策基本法第2条第10号に掲げる地域防災計画の定めるところに従い、防災上必要な通信を行うことを目的とするもの	住民に対して災害情報等を直接伝達するために無線通信を行うものであって、専ら一の特定の無線局のみを通信の相手方とするもの			500
			その他のもの			18,700
		その他のもの				45,000
	470MHzを超え3,600MHz以下の周波数の電波を使用するもの	多重放送の業務の用に供するもの				45,000
		その他のもの	使用する電波の周波数の幅が3MHz以下のもの			45,000
			使用する電波の周波数の幅が3MHzを超えるもの	設置場所	第一地域内	6,763,600
					第二地域内	3,394,400
					第三地域内	698,700
					第四地域内	249,400
	3,600MHzを超え6,000MHz以下の周波数の電波を使用するもの	放送業務の用に供するもの		設置場所	第一地域内	25,017,200
					第二地域内	12,508,900
					第三地域内	2,502,300
					第四地域内	358,000
		その他のもの	使用する電波の周波数の幅が3MHz以下のもの			45,000

			使用する電波の周波数の幅が3MHzを超え30MHz以下のもの	設置場所	第一地域内	6,763,600
					第二地域内	3,394,400
					第三地域内	698,700
					第四地域内	249,400
			使用する電波の周波数の幅が30MHzを超え300MHz以下のもの	設置場所	第一地域内	219,713,400
					第二地域内	109,868,800
					第三地域内	22,038,600
					第四地域内	7,437,600
			使用する電波の周波数の幅が300MHzを超えるもの	設置場所	第一地域内	543,181,600
					第二地域内	271,603,200
					第三地域内	54,385,500
					第四地域内	18,219,700
	6,000MHzを超える周波数の電波を使用するもの					18,700

【備考】

1　この表において「設置場所」とは、無線設備の設置場所をいう。

2　この表において「第一地域」とは、東京都の区域（第四地域を除く。）をいう。

3　この表において「第二地域」とは、大阪府及び神奈川県の区域（第四地域を除く。）をいう。

4　この表において「第三地域」とは、北海道及び京都府並びに神奈川県以外の県の区域（第四地域を除く。）をいう。

5　この表において「第四地域」とは、離島振興法に基づき指定された離島振興対策実施地域、過疎地域自立促進特別措置法に規定する過疎地域並びに奄美群島振興開発特別措置法に規定する奄美群島、小笠原諸島振興開発特別措置法に規定する小笠原諸島及び沖縄振興特別措置法に規定する離島の区域をいう。

周波数帯別に見る電波利用の現状

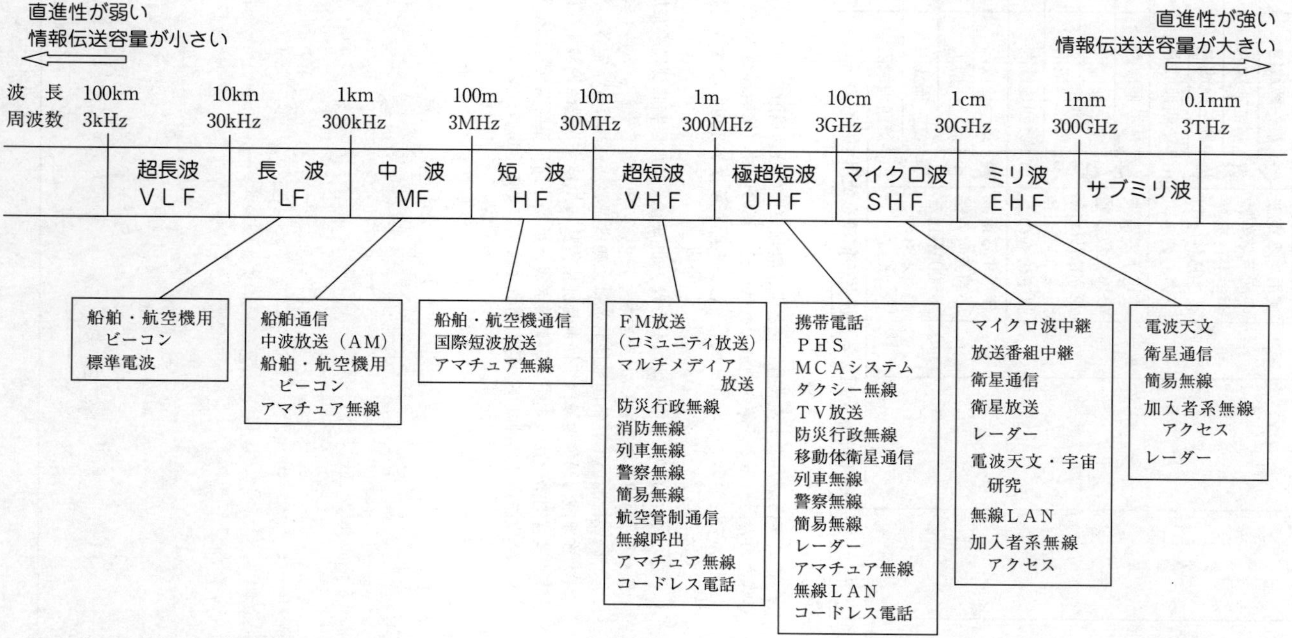

← 直進性が弱い　情報伝送容量が小さい　　　直進性が強い　情報伝送送容量が大きい →

波長	100km–10km	10km–1km	1km–100m	100m–10m	10m–1m	1m–10cm	10cm–1cm	1cm–1mm	1mm–0.1mm
周波数	3kHz–30kHz	30kHz–300kHz	300kHz–3MHz	3MHz–30MHz	30MHz–300MHz	300MHz–3GHz	3GHz–30GHz	30GHz–300GHz	300GHz–3THz
	超長波 VLF	長波 LF	中波 MF	短波 HF	超短波 VHF	極超短波 UHF	マイクロ波 SHF	ミリ波 EHF	サブミリ波
主な利用		船舶・航空機用ビーコン 標準電波	船舶通信 中波放送（AM） 船舶・航空機用ビーコン アマチュア無線	船舶・航空機通信 国際短波放送 アマチュア無線	FM放送 （コミュニティ放送） マルチメディア放送 防災行政無線 消防無線 列車無線 警察無線 簡易無線 航空管制通信 無線呼出 アマチュア無線 コードレス電話	携帯電話 PHS MCAシステム タクシー無線 TV放送 防災行政無線 移動体衛星通信 列車無線 警察無線 簡易無線 レーダー アマチュア無線 無線LAN コードレス電話	マイクロ波中継 放送番組中継 衛星通信 衛星放送 レーダー 電波天文・宇宙研究 無線LAN 加入者系無線アクセス	電波天文 衛星通信 簡易無線 加入者系無線アクセス レーダー	

（総務省「電波利用ホームページ」を基に作成）

平成24年１月20日　初版第１刷発行
令和６年４月１日　８版第１刷発行

第一級陸上特殊無線技士
第二級陸上特殊無線技士
国内電信級陸上特殊無線技士

法　　　　規

（電略）トホリ

編集・発行　一般財団法人　情報通信振興会
〒170－8480
東京都豊島区駒込２－３－10
電　話　（03）3940−3951（販売）
（03）3940−8900（編集）
ＦＡＸ　（03）3940−4055
振替口座　00100－9－19918
URL　https://www.dsk.or.jp/
印　　刷　株式会社　エム.ティ.ディ

ISBN978-4-8076-0992-5 C3055 ¥1400E